U0010648

圖解版 有趣到睡不著

解剖學

順天堂大學保健醫療學系特任教授
坂井建雄 監修
TATSUO SAKAI

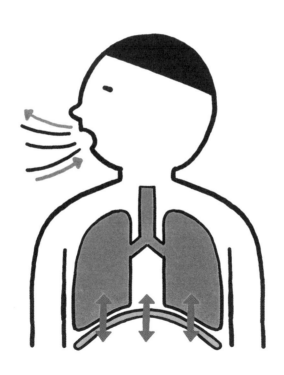

晨星出版

前言

　　在我們的日常生活中經常使用、而且比什麼都重要的東西是什麼？那就是我們的身體。

　　雖然是與自己最切身相關的重要身體，卻有很多我們並未十分了解且意想不到的不可思議現象。

　　實際上即使在醫學專家所進行的尖端研究裡，仍然會屢屢出現各種驚人的最新發現。就像最近出現的新型冠狀病毒一樣，對於這個全新登場的病毒人體會出現什麼樣的反應與疾病，仍有許多未知的謎團。

　　歷經自 2020 年起所發生的新型冠狀病毒感染後，筆者親身感受到我們是多麼地仰賴醫學與醫療。也因為這場疫情，如今有很多年輕世代想要投入醫學與醫療的相關工作。而在學習醫學與醫療的過程裡，最開始要學的就是透過「解剖學」來了解人體的構造。由於人體的構造極為複雜，且身體的每一個部分都有詳細的專有名詞，有些人可能會覺得學起來有些麻煩。

　　長時間以來，筆者在對醫學系或其他醫療相關科系學生進行解剖學的教學時，總是會儘量傳達人體的不可思議與有趣之處。而上過我解剖學課程的學生，看起來似乎也很樂在其中，現在也有很多學生在使用我所撰寫的解剖學教科書。

　　近年來筆者寫了不少本適合一般人閱讀的人體及解剖學

相關書籍，發現有不少非醫療相關職業的人也開始對解剖學產生興趣。尤其是健康意識特別高的人，在肌力訓練蔚為風潮的現在，更是對部分的肌肉或骨骼名稱如數家珍。

　　本書會針對人體解剖學挑選出幾個特別有趣的地方向大家進行介紹，同時還會搭配大量可愛插圖，讓大家更能感受到其中的有趣之處。

　　如果看過本書後真的覺得解剖學有趣到讓人睡不著覺的話，也請大家多多包含囉！

2021 年 5 月

監修者

坂井建雄

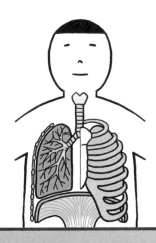

有趣到睡不著
圖解版 解剖學 《目錄》

第5章 男女與生殖之謎

專欄

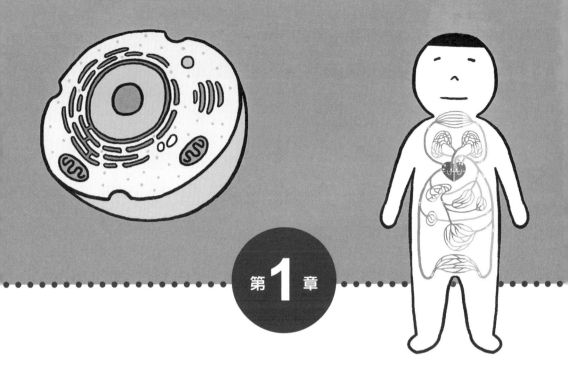

第 1 章

身體的組織與構造之謎

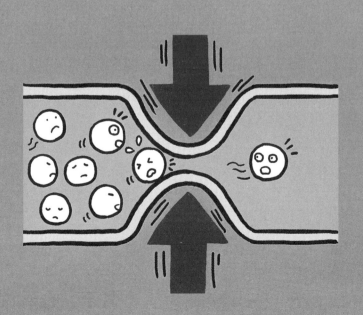

1 人類全身的骨頭有多少塊？

▶▶嬰兒大約有300塊骨頭，大人則大約有200塊骨頭

✚成年人類的骨頭數量在不同人之間會有個體差異

成年人類的身體有大約 200 塊骨頭，而孩童的骨頭數量則比成年人還多，剛出生的嬰兒若將軟骨計算在內的話有大約 300 塊骨頭。

成年之後骨頭數量之所以會減少，是因為隨著身體成長，有些骨頭與骨頭之間的縫隙會結合在一起，從好幾塊骨頭變成一塊的關係。骨頭癒著的情形因人而異，在發育為成年人之後，標準的骨頭數量為 206 塊，但還是會有個體差異。

✚骨骼的任務在於支撐身體及保護身體的重要部位

200 多塊骨頭以複雜的形式進行組合及連結，形成骨骼。骨骼由各種大小、形狀各異的骨頭組合而成，軟骨也是骨骼的一部分。

人類體內最大、最強壯的骨頭，是位於大腿部位的股骨。相反地，最小的骨頭則是位於耳朵內的三塊聽小骨（請參考第 95 頁），為了能聽到聲音擁有極為複雜的形狀。

骨頭最大的功能有兩個，**一個是支撐人類的身體**，人類沒有骨頭就無法站立，而且沒有骨頭相連形成的關節，身體就完全無法彎曲、伸展及活動。

另一個功能則是保護人類身體的重要部位。例如又硬又堅固的頭蓋骨能確實保護腦部，而肋骨的構造則是像鳥籠一般，完整包覆住心臟及肺臟等臟器。

構成骨骼的主要骨頭

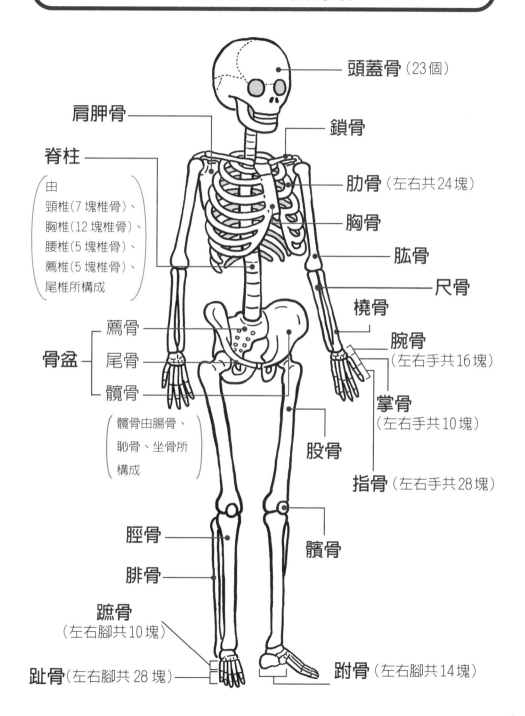

頭蓋骨（23個）

肩胛骨

鎖骨

脊柱
（由
頸椎（7塊椎骨）、
胸椎（12塊椎骨）、
腰椎（5塊椎骨）、
薦椎（5塊椎骨）、
尾椎所構成）

肋骨（左右共24塊）

胸骨

肱骨

尺骨

橈骨

骨盆
薦骨
尾骨
髖骨

（髖骨由腸骨、
恥骨、坐骨所
構成）

腕骨
（左右手共16塊）

掌骨
（左右手共10塊）

股骨

指骨（左右手共28塊）

脛骨

髕骨

腓骨

蹠骨
（左右腳共10塊）

趾骨（左右腳共28塊）

跗骨（左右腳共14塊）

人的體內
有多少個關節？

✚關節一天活動的次數大約有十萬次之多

骨頭與骨頭的連接處即為關節，在肩膀、手肘、大腿、膝蓋、腳踝、手指等處，人體全身上下約有 260 個關節。

關節的功能就在於讓身體能夠順利地活動。走路、蹲下、拿取物品等日常動作，都是藉由這些關節的活動才能完成。不論擁有再怎麼堅固的骨骼或強壯的肌肉，沒有關節，身體就無法活動自如。

人類一天之內會活動到關節的次數高達十萬次，但因為關節的構造極為穩固，所以才能承受如此頻繁地使用。關節外包覆著韌帶及滑液膜，膜內充滿能讓關節保持潤滑狀態的滑液。關節內互相接觸的骨骼表面上覆蓋著具有彈性的軟骨，滑液與軟骨能保護關節，避免骨骼與骨骼之間的互相摩擦。

✚關節的種類、外型與活動方式不盡相同

人類的關節有多種不同的形狀，例如肩關節與髖關節這種能夠朝前後、左右、上下方向移動的「球窩關節」、手肘及膝蓋等形同鉸鍊，能做出彎曲及伸直動作的「屈成關節」等。

而位於拇指根處的「鞍狀關節」，雖然不像「球窩關節」的活動範圍那麼廣，但也是活動極為自由的關節。頸部等部位的「樞軸關節」，它的構造能夠讓頸部左右旋轉。還有能夠向側邊及前後方向進行細微動作的「橢圓動關節」，則是位於手腕等部位的關節。

人體之內的主要關節種類

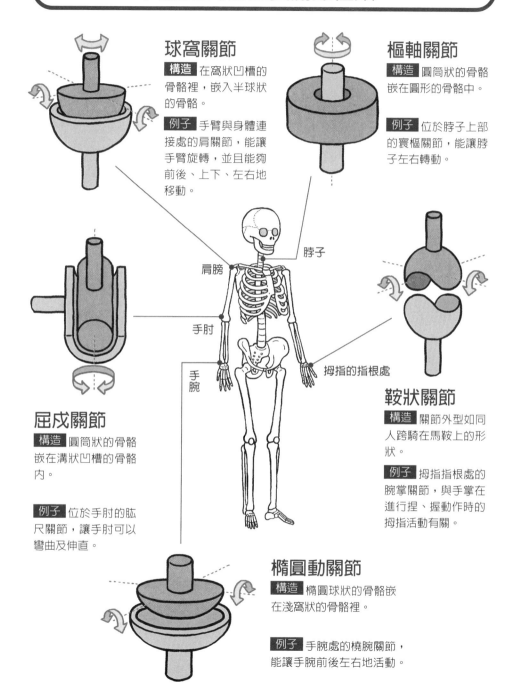

球窩關節

構造 在窩狀凹槽的骨骼裡，嵌入半球狀的骨骼。

例子 手臂與身體連接處的肩關節，能讓手臂旋轉，並且能夠前後、上下、左右地移動。

樞軸關節

構造 圓筒狀的骨骼嵌在圓形的骨骼中。

例子 位於脖子上部的寰樞關節，能讓脖子左右轉動。

脖子

肩膀

手肘

手腕

拇指的指根處

屈戍關節

構造 圓筒狀的骨骼嵌在溝狀凹槽的骨骼內。

例子 位於手肘的肱尺關節，讓手肘可以彎曲及伸直。

鞍狀關節

構造 關節外型如同人跨騎在馬鞍上的形狀。

例子 拇指指根處的腕掌關節，與手掌在進行捏、握動作時的拇指活動有關。

橢圓動關節

構造 橢圓球狀的骨骼嵌在淺窩狀的骨骼裡。

例子 手腕處的橈腕關節，能讓手腕前後左右地活動。

3 人類之所以能進化是因為手和腳的關係？

▶▶雙足步行讓手、腳分工，腦部也更發達

✚學會如何使用工具，擁有了智力

大部分的四足類動物，雖然前肢與後肢之間多少有些差異，但在功能上並沒有明顯的不同。

不過在人類方面就不一樣了。**由於人類已演化成雙足步行的動物，所以在手和腳的功能上擁有明確的分工。**

雙手因為拇指十分發達，所以能夠做出抓取物品等細緻的動作。如果再加上手臂的動作，還能夠移動物體。而且不只如此，由於人類還學會了如何使用工具，因此促進了腦部的發達，於是也擁有了智力。

✚雖然外觀的構造不同，但在骨骼方面幾乎是一樣的

那麼腳的情況又是如何呢？雙腳在支撐身體的同時，還擁有步行及跑步等運動機能。由於是雙足站立，所以從腳跟到腳尖都會貼近地面。另外，腳底的足弓部位演化成為弓狀，能夠分散體重及緩和衝擊力。這樣的演化結果，讓腳趾（趾骨）比手指（指骨）還短，腳背則變得比較長。

儘管手、腳的外觀與功能有所差異，但若是比對兩者的骨骼，則可發現單手手掌的骨頭數目為 27 塊，腳掌則為 26 塊，並且擁有相似的構造。還有一個相同點就是兩者的骨頭都不是呈現零散狀態，而是以韌帶相連形成關節，並相接成長形的手指及腳趾。

雖然手腳原本都同樣屬於「腳」，但因為在功能上發生了分工，所以促進了腦部的發達，可以說在人類的演化上也起了一定的作用。

手的特徵與腳的特徵

右手（手掌面）

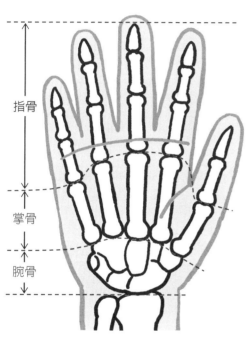

指骨

掌骨

腕骨

右腳（腳底面）

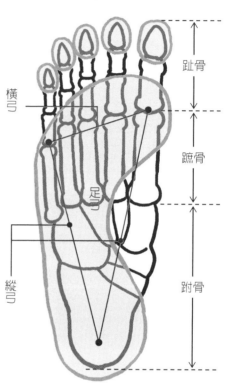

橫弓

足弓

縱弓

趾骨

蹠骨

跗骨

腕骨的構造比跗骨的構造更為複雜，能做出更細緻的動作。

腳骨比手骨更長，形成3個弓形結構（足弓）。

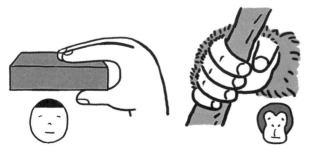

人類與黑猩猩的抓握方式

人類的手在抓握物體時，拇指與其他手指能面對面抓住物體，而黑猩猩則無法用相同的動作抓取。

13

4
全身上下
有多少塊肌肉？

▶▶和骨骼不一樣，肌肉的數量難以正確計算出來

✚可以是400塊也可以是800塊，根據計算方式來決定

人類的全身上下有多少塊肌肉呢？

人體的肌肉分成 3 種，分別是附著於骨骼上的骨骼肌、讓心臟跳動的心肌，以及構成血管或器官內壁之平滑肌。平滑肌與心肌數量無法計算，骨骼肌分為左右兩側，有些還能細分成更小的肌肉，所以數量眾說紛紜，有學者認為有 400 塊肌肉，也有學者認為有 800 塊肌肉。

之所以會如此，其實是因為計算的方式不同。**由於每一塊肌肉都有其名稱，理論上不論是誰數起來應該都一樣才對，但其中卻有些例外存在，讓計算變得十分複雜。**

✚脊椎骨上有無名的肌肉？

最麻煩的就是脊椎部位的骨骼肌，其中有部分肌肉並沒有單獨的名稱。例如從脊椎橫突連接到上方棘突的斜向肌肉，就又分成連接到上方 1 個棘突、2 個棘突、3 個棘突……等多條肌肉，而且沒有明顯的分界。這種肌肉到底應該全部算作 1 條肌肉，還是應該分別算作不同條的肌肉，在判斷上十分困難。

而目前的權宜之計，就是**利用數目區分，連接到上方 1 個到 2 個棘突的較短肌肉稱之為「迴旋肌」，連接到上方 2 ～ 4 個棘突的肌肉稱為「多裂肌」，連接到 4 個棘突以上的則稱為「半棘肌」。**

還有，手部的部分肌肉如果用單一名稱來稱呼的話，也會讓肌肉的數量變少。總而言之，要正確地計算肌肉數量是一件十分不容易的事。

肌肉（骨骼肌）的基本構造

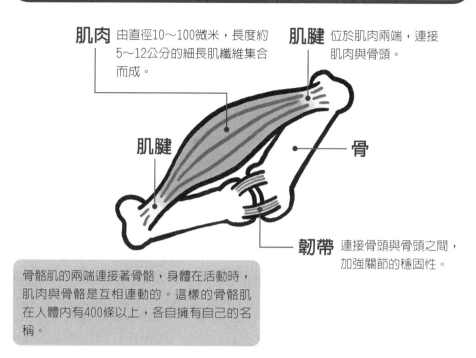

肌肉 由直徑10～100微米，長度約5～12公分的細長肌纖維集合而成。

肌腱 位於肌肉兩端，連接肌肉與骨頭。

肌腱

骨

韌帶 連接骨頭與骨頭之間，加強關節的穩固性。

骨骼肌的兩端連接著骨骼，身體在活動時，肌肉與骨骼是互相連動的。這樣的骨骼肌在人體內有400條以上，各自擁有自己的名稱。

難以計算數量的骨骼肌

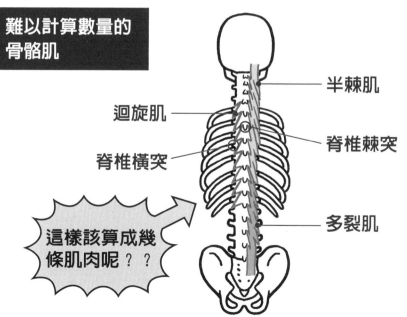

半棘肌

迴旋肌

脊椎棘突

脊椎橫突

多裂肌

這樣該算成幾條肌肉呢？？

✚ 不穩固的肩膀必須支撐沉重手臂的重量

肩膀本身的構造並不穩固，在身體的正面為纖細的鎖骨，背面則為肩胛骨，支撐著手臂的重量。手臂的重量比我們想像的還要重，每邊的手臂重量就占了體重的 1 ／ 16。舉例來說，如果是體重 60 公斤的人，肩胛骨就必須撐住 7.5 公斤（雙手手臂）的重量。

而附著於肩胛骨上、幫助肩胛骨支撐住手臂重量的重要幫手，就是名為斜方肌的大塊肌肉。因此這塊肌肉即使在靜止不動的情況下，也經常保持在緊張及收縮的狀態。肌肉收縮就需要氧氣作為能量，而如果血液循環不佳的話就無法將氧氣順利送到肌肉。為了促進血液循環，肩膀應該要經常活動才對，但在我們的日常生活中如果不刻意去運動的話，幾乎不會活動到斜方肌。於是斜方肌就持續處於緊張、血液循環不良的狀態，而這就造成了肩膀痠痛。

另一方面，像相撲力士這樣的人，因為平時經常會做出用手臂緊抓物體並向自己拉近的動作，所以斜方肌十分發達。而擁有強壯的斜方肌就會擁有強大的支撐力來撐住手臂，也就很少會為肩膀痠痛這種事情煩惱了。

✚ 五十肩的真面目其實是旋轉肌袖（Rotator cuff）發生損傷

一旦肩關節隨著年齡增長而逐漸退化之後，只要一點刺激就可能造成肩膀受傷及發炎，然後就會因為疼痛而無法將手臂舉起，這種現象就是五十肩。造成五十肩的主要原因，是因為包圍著肱骨的旋轉肌袖發生了損傷，所以當該處發炎導致急性五十肩的時候，就應該限制患部的活動，讓它好好休息。

與肩膀症狀有密切關係的斜方肌與旋轉肌袖

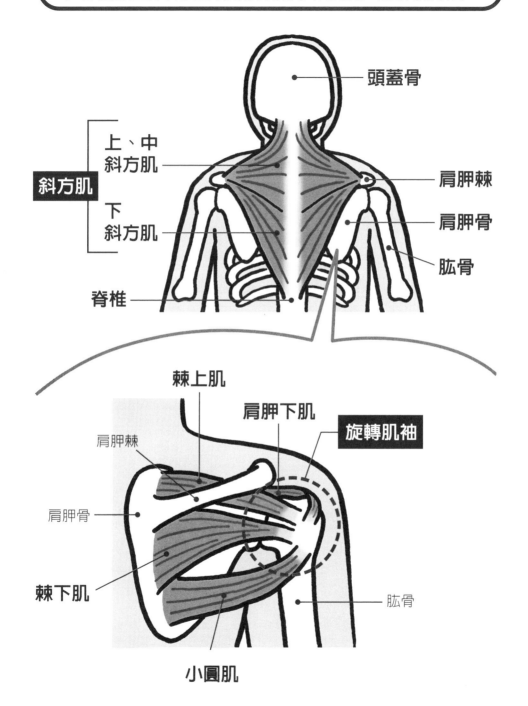

斜方肌
上、中斜方肌
下斜方肌
脊椎

頭蓋骨
肩胛棘
肩胛骨
肱骨

棘上肌
肩胛下肌
旋轉肌袖
肩胛棘
肩胛骨
棘下肌
小圓肌
肱骨

▶▶頭髮數量平均為10萬根，每天會掉50根以上的頭髮

✚男性與女性的頭髮壽命並不一樣

頭髮是從皮膚分化出來一根一根的纖細毛髮，大量聚集後具有保護頭部免於受傷及保暖的功用。**日本人的頭髮數量為 8 ～ 12 萬根，平均約為 10 萬根。**

頭髮是由髮根最下端的毛囊組織反覆地進行細胞分裂而每天一點一點地生長，一旦生長停止，毛根的細胞會死亡，然後頭髮就會自然地脫落。男性與女性的頭髮壽命並不一樣，男性為 3 ～ 5 年，女性為 4 ～ 6 年。

即使是健康的人每天也會掉 50 ～ 150 根的頭髮，並在頭髮脫落的地方再度開始細胞分裂，長出新的頭髮。

✚頭髮的顏色不會一夜之間變白

頭髮的顏色取決於毛髮內所含的黑色素量，如果黑色素多的話就是黑髮，黑色素愈少的話，頭髮就會愈偏向茶色。

黑色素雖然和頭髮一樣都是在毛根製造出來的，但隨著年齡增長，新陳代謝衰退，一旦營養沒有送到毛母細胞，其製造黑色素的能力就會下降，讓黑色素的數量變少。**然後原本黑色素所在的地方產生空隙，讓空氣得以進入，就形成了白頭髮。**

而白頭髮在光線照射之下之所以看起來會閃閃發光，就是因為空隙中的空氣反射光線所致。總而言之，白頭髮的出現是因為毛囊的問題，所以要一夜白頭基本上是不可能發生的事情。

頭髮的壽命與生長週期

1 生長期前期

毛乳頭發揮作用將營養供應給毛根，讓毛母細胞能旺盛地進行細胞分裂，毛根得以生長。

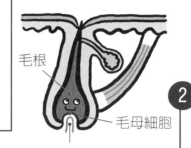

毛根

毛母細胞

毛乳頭

2 生長期後期

毛母細胞持續分裂，讓頭髮持續生長。

脫落的頭髮

原有的頭髮漸漸往皮膚表面移動

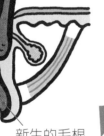

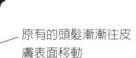

頭髮

新生的毛根

4 休止期

頭髮逐漸往皮膚表面移動，最後脫落。毛乳頭處再度開始生長新的頭髮。

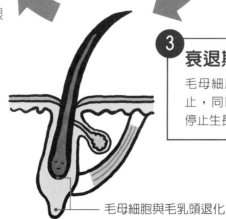

3 衰退期

毛母細胞分裂停止，同時頭髮也停止生長。

毛母細胞與毛乳頭退化

為什麼皺紋會
隨著年齡增長而增加？

▶▶這是負責肌膚彈力與伸縮功能的兩種物質減少所致

✚全身上下的皮膚加起來大約等於一張榻榻米大小！

「皮膚」是人體最大的組織，**如果把成年人全身的皮膚展開，面積大約有一張榻榻米大小**（1.6～1.8平方公尺）。

皮膚分成表皮層及真皮層兩層，加起來的厚度為1～4公釐。再下方則是柔軟的皮下組織。每一層的厚度在身體各個不同部位會有所差異。此外，在皮膚的構造中，還有神經分布，能夠感受壓力及溫度等來自外界的刺激（請參考第84頁）。

✚原本支撐皮膚的網狀結構瓦解

皮膚能夠緊致有彈力，**是因為皮膚中含有細絲狀的物質「膠原纖維」與「彈性纖維」，這兩者交織而成的網狀結構支撐著皮膚**。

膠原纖維的作用能保持皮膚的張力且不會過度伸展，彈性纖維則是如同橡皮筋一樣的物質，具有讓皮膚能夠伸展及收縮的功用。

不過隨著年齡增長，膠原纖維及彈性纖維會逐漸減少。**皮膚的皺紋之所以產生就是因為這些物質的作用衰退，讓支撐皮膚的網狀結構瓦解，而已經伸展開的皮膚無法恢復原狀，於是開始變得鬆弛**。

另外，日光中所含有的紫外線，也是皺紋增加的原因之一。紫外線能穿透到皮膚深層的真皮層，將膠原纖維切成小段，並且還會讓彈性纖維變質。

雖然無法預防因年齡增長而增加的皺紋，但如果能確實採取防止紫外線的防曬措施，也算是一種能主動延緩皺紋出現的方法。

皮膚的構造與功能

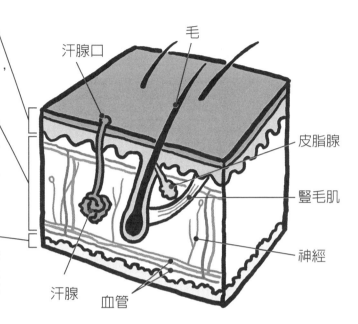

表皮

保護身體不受外界傷害
的皮膚組織（角質層），
會不斷地製造出來。

真皮

在膠原纖維與彈性纖維
的作用下，含有豐富的
水分。血管及神經分布
在此處。

皮下組織

含有大量的脂肪，能緩
和來自外界的衝擊，並
具有隔熱、保暖、貯存
能量等功用。

汗腺口　　毛

皮脂腺

豎毛肌

神經

汗腺　　血管

皮膚除了兩層構造之外，還具備有汗腺、皮脂腺、
毛髮等補強皮膚功能的特殊器官。

皺紋產生的機制

皮膚萎縮產生皺紋

老化

能貯存水分具有
彈力的真皮

無法保持水分，失
去彈力的真皮

指甲上偶爾會出現的白點，
是表示某種徵兆嗎？

▸▸這並不是生病，而是受到刺激或有空氣跑進去的關係

✚愈是經常使用的手指，指甲就生長得愈快

指甲是皮膚（表皮）角質硬化後的產物，除了能保護指尖及皮膚之外，還能讓手更容易抓取小型的物體，進行細微的動作。

指甲是在「甲母」這個部位所形成的，然後再被新長出來的部分往外推而逐漸變長。不同手指的指甲生長速度不同，**食指、中指、無名指的指甲生長速度比拇指及小指還要更快**。成年人的指甲生長速度為平均每天 0.1 公分左右，且白天比晚上、夏天比冬天生長得更快，而腳趾甲的生長速度則是比手指甲還慢。

✚指甲屬於皮膚的同類，也會有生長異常的情況

由於指甲也是皮膚的一部分，所以偶爾也會發生一些異常的情況。另外，指甲的形狀能表現出老化或身體的狀態。舉例來說，如果指甲上看起來好像畫了鋸齒狀的縱向條紋，就是一種老化的徵兆。這是因為隨著年齡增長，甲母之中形成指甲的細胞在不同區域生長速度不一致所造成的，所以才會表現出縱向的條紋。

而即使指甲上出現白點也不用擔心，因為**這並非疾病所致，而是指甲在形成的過程中遭受到某種刺激，或是空氣進入到指甲內而造成的。隨著指甲變長，就會慢慢向上移動而消失。**

指甲上會出現橫向條紋則可能是因為不規律的生活作息或壓力所造成。另外，指甲變厚鼓起的「杵狀指」（Clubbing）則可能是肺臟、心臟或肝臟等疾病所造成。

指甲的構造與各部位的特徵

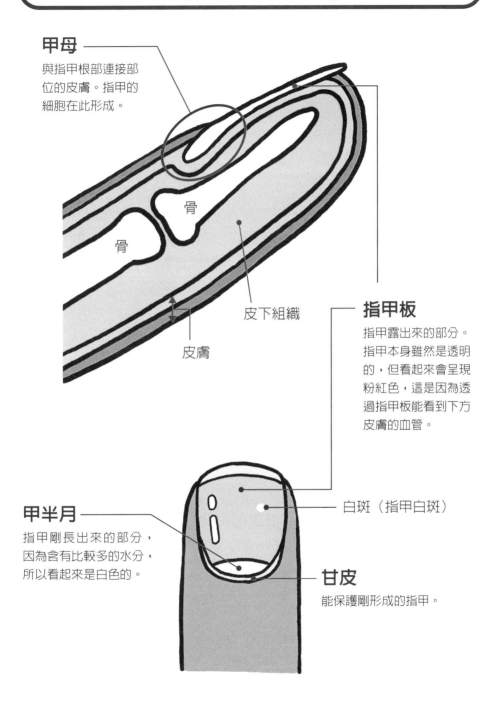

甲母

與指甲根部連接部位的皮膚。指甲的細胞在此形成。

骨

骨

皮下組織

皮膚

指甲板

指甲露出來的部分。指甲本身雖然是透明的，但看起來會呈現粉紅色，這是因為透過指甲板能看到下方皮膚的血管。

白斑（指甲白斑）

甲半月

指甲剛長出來的部分，因為含有比較多的水分，所以看起來是白色的。

甘皮

能保護剛形成的指甲。

在緊急時刻身體會採取適當的行動來應變，這是怎麼做到的？

▶▶因為人類控制行動的機制並非只靠腦部來運行

✚ 脊髓能替代腦部發揮中樞的功能

我們的身體之所以能配合外界變化採取適當的行動，是因為來自外界的資訊（訊號）會經由末梢神經與脊髓傳達到腦部的司令部，接著腦部下達指令，再透過脊髓及末梢神經，傳送到手、腳的肌肉等部位。

不過一旦突然遇到有物體飛過來等突發性的危險而想要保護自己時，身體就會來不及將資訊傳達到腦部並等待腦部下達指令。

此時，**脊髓會代替腦部發揮中樞的功能，在無意識的情況下，讓身體做出反射運動，在物體撞到自己之前做出反應避掉危險**。這種機制稱為「脊髓反射」。

脊髓反射發生時，脊髓會擔任如同腦部一般的角色，訊號不會經過腦部，而是由脊髓處理訊號後將指令下達給肌肉去執行。

✚ 利用脊髓反射進行復健

由脊髓向左右兩側延伸而出的末梢神經（脊髓神經）共有 31 對，延伸到身體的每個角落。脊髓神經中，從脊髓腹側延伸出去的是傳遞運動訊號的「運動神經」，從背側延伸出去的則是傳遞感覺信號的「感覺神經」，與全身的活動有關。

人類在走路的時候，之所以即使沒在思考也會右腳、左腳輪流交替地向前邁步，也是因為脊髓具備了這樣的控制機制。

另外，當腦部有部分損傷而造成癱瘓時，將這種脊髓反射的功能應用到醫療上的就是復健醫學。

腦部、脊髓、末梢神經的關聯

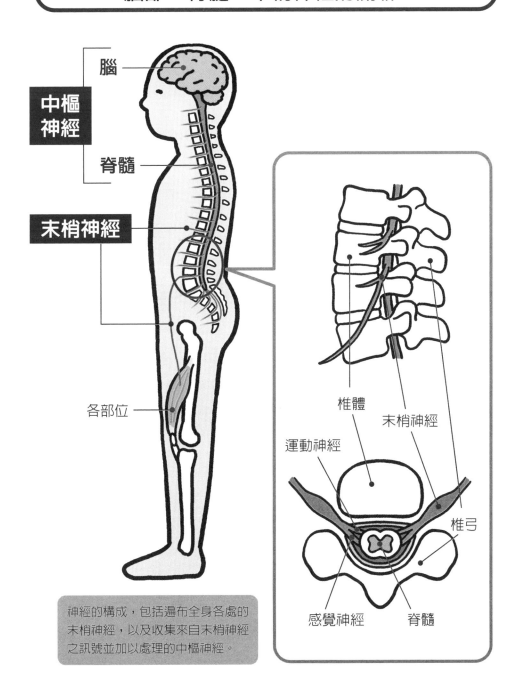

中樞神經

腦

脊髓

末梢神經

各部位

椎體

末梢神經

運動神經

椎弓

感覺神經

脊髓

神經的構成，包括遍布全身各處的末梢神經，以及收集來自末梢神經之訊號並加以處理的中樞神經。

10 為什麼跪坐之後 腳會發麻？

▶▶這是因為腿部的神經出現暫時性的麻痺現象

✚ 會覺得刺刺麻麻的是因為感覺神經正在恢復

每個人應該都有過在跪坐之後腿部發麻的經驗吧？

腿部之所以會發麻，是因為血液循環暫時性地受到阻礙所致。我們的腿部有兩種神經，一種是讓肌肉活動的運動神經，另一種則是感受冷熱或疼痛的感覺神經。

當我們跪坐時，**身體的重量會壓在腿上，壓迫血管造成血液循環不良，讓腿部的神經處於暫時麻痺的狀態**。一旦運動神經麻痺，就無法將腳踝屈起，也就無法讓自己站起來。而因為感覺神經也變得遲鈍，所以即使去捏自己的腿也不會有任何感覺。

不過由於這只是一時的現象，**當人站起來或是改變姿勢之後，血液就會回流到腿部，感覺神經也會恢復原狀。這個時候產生的刺痛感，就是腿麻的真相。**

✚ 動脈在必要時會改變形狀

在習慣了跪坐這種姿勢之後，雖然腿部的血管還是會受到壓迫，但卻不再會有腿麻的感覺，這種現象是因為腿部已經確保了必要的血液循環。

動脈具有一種特性，那就是在必要時能夠變粗或是變細。 例如僧侶等經常採取跪坐姿勢的人，因為管徑粗的動脈經常被壓迫，所以取而代之的是分支出來的細動脈會變得更為發達，同時管徑也會變得更粗來確保血流量。這樣一來，即使長時間跪坐，依然能有足夠的血液供應給腿部的神經，也就不會有腿麻的現象了。

「跪坐會腿麻」的真正原因

腿部的神經缺氧所以麻痺了！

承擔著體重而被壓向地面的腿部，由於血管受到壓迫變窄，氧氣無法順利送到神經。缺氧的神經會發生麻痺，導致腿部發麻。

腿部的血管

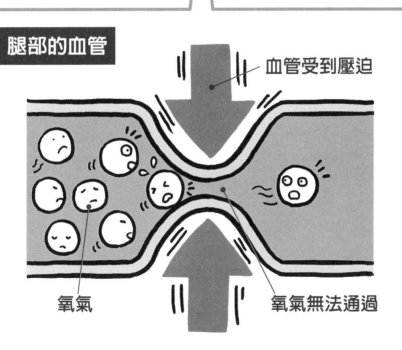

血管受到壓迫

氧氣

氧氣無法通過

✚血管愈靠近心臟就愈粗

像水管一樣負責將血液輸送到全身上下的血管，是由動脈、微血管及靜脈這三者構成的。

血管中最粗的為大動脈，從心臟通往身體的正中央，將血液往外送到其他的動脈，直徑比日幣的十元硬幣還要大一點。**動脈的血管壁厚且具有彈性，非輕易可以切斷**。當其失去彈性且呈現變硬的狀態就稱為動脈硬化。

最細的血管為微血管，直徑約為 1 ／ 120 公分。因為是紅血球等血球細胞好不容易才能通過的粗細，所以人類的肉眼無法看見。微血管分布到全身的各個角落，負責將氧氣及營養素輸送到各處。即使是堅硬的骨頭中也有微血管。

✚血液流經的旅程長達6000公里

透過皮膚能夠看到的血管全部都是靜脈。相對於心臟幫浦作用下將血液輸送出去的動脈，與重力方向相反的靜脈則是具有防止血液逆流的靜脈瓣，在全身肌肉的幫浦作用下將血液送回到心臟。

由於靜脈只是運輸血液而幾乎沒有受到壓力，所以血管壁很薄，也幾乎沒有什麼彈性。

那麼，這些血管全部加起來到底有多長呢？**答案是大約 6000 公里，是日本列島的 3 倍長左右。**

人體內的血管循環方式

不論血管走哪條路線，都一定是從心臟
開始，通過動脈→微血管→靜脈後，再
度回到心臟。

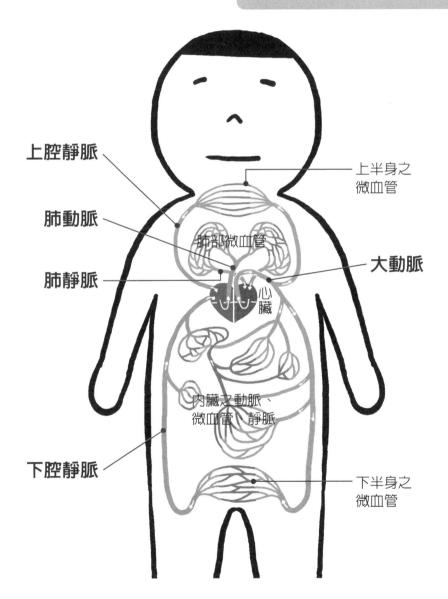

上腔靜脈

肺動脈

肺靜脈

下腔靜脈

上半身之
微血管

肺部微血管

大動脈

心
臟

內臟之動脈、
微血管、靜脈

下半身之
微血管

淋巴液具有
什麼樣的作用？

▶▶運送細胞的代謝廢物及脂肪，同時負責免疫功能

✚是遍布全身之代謝廢物的流通「水道」

淋巴管是淋巴液流通的管道，沿著血管遍布全身。「淋巴」在拉丁語的原本意義為「清澈的水流」，在日本則是初次出現於《解體新書》，當時將其翻譯為「水道」。

淋巴管內流通的是淡黃色的淋巴液，而淋巴液則是由微血管滲出的血漿進入淋巴管而形成的，**能運送細胞排出的代謝廢物或是在腸道所吸收的脂肪**。

淋巴管的中途會有如蠶豆一般大小的器官，稱為淋巴結。人體內的淋巴結約有 800 個，分別存在於頸部、腋下、鼠蹊等部位，能過濾掉淋巴液中的細菌或病毒等異物。淋巴結中存在有名為巨噬細胞的免疫細胞，能與異物對抗。

✚身體浮腫的真面目是淋巴液外漏

淋巴與身體發生浮腫的機制也有關係。血液原本是從心臟輸出，接著再回流到心臟，不過一旦人長時間維持站姿，會變得無法靠肌肉的力量將靜脈血往上推送，於是在四肢等末端部位回到心臟的血液量就會減少。

這樣一來，微血管就會承受比較大的壓力，於是無法回流的血液從微血管滲出並以淋巴液的形式蓄積在體內，而這就是身體浮腫的緣由。

雖然出現了浮腫的症狀，但只要腿部動一動或是走走路，淋巴液就會被回收，浮腫的情況也會消除。

淋巴液回到血液內的機制

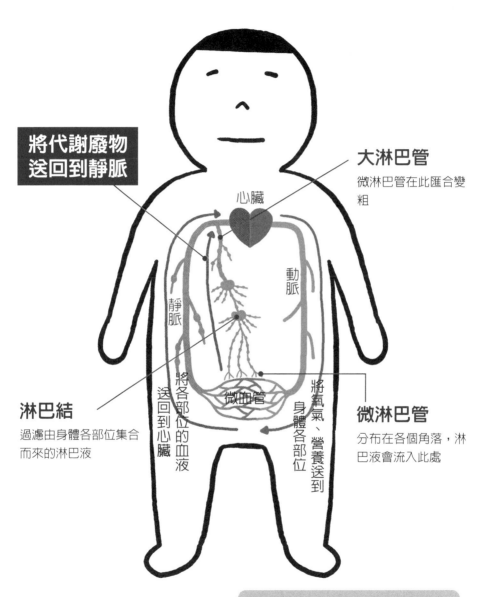

將代謝廢物送回到靜脈

大淋巴管
微淋巴管在此匯合變粗

心臟

動脈

靜脈

將各部位的血液送回到心臟

微血管

將氧氣、營養送到身體各部位

淋巴結
過濾由身體各部位集合而來的淋巴液

微淋巴管
分布在各個角落,淋巴液會流入此處

淋巴液在經過反覆的過濾過程並注入到靜脈時,幾乎所有的異物都已被清除。

人體真的全都是
由細胞構成的嗎？

▶▶全身的組織與器官都是由細胞構成的

＋受精卵經過反覆的細胞分裂後構成我們的身體

　　人類的身體大約是由 37 兆個細胞所構成的。精子與卵子在經過受精結合而成的一個「細胞（受精卵）」，會變成 2 個細胞、3 個細胞……**經過反覆的細胞分裂並分化後，構成腦、心臟、皮膚、指甲等功能各異的各種器官或組織，各自負責不同的重要任務。**

　　細胞的種類有 200 ～ 300 種之多，每一個細胞都會進行呼吸與攝取營養素的活動。人類的細胞大小僅能在顯微鏡下看見，直徑為 15 ～ 30 微米。我們之所以能活著，就是靠這大約 37 兆個細胞所進行的活動，以及各種不同器官確實發揮作用下的成果。

＋癌症的發生是因為細胞分裂出現了差錯

　　構成身體的細胞一旦老化之後就會進行分裂，並以新的細胞取而代之。在這種細胞分裂的重複進行之下，我們的身體才得以維持健康。

　　然而，細胞分裂的次數有其界線，以人類的細胞來說，可進行 40 ～ 60 次。若換算成時間的話則是大約 120 ～ 130 年，但大多數的人都無法活到如此長壽的歲數。

　　這是因為細胞分裂產生新細胞的時候，有時候會發生錯誤。**占據日本人死因第一位的「癌症」，其造成的原因也是因為細胞分裂發生了錯誤，而且隨著年齡增長發生錯誤的頻率也會愈高**。一旦體內不正常的細胞增加就會引發疾病，最終迎來死亡。

　　我們的壽命有限就是因為細胞並非是永恆的。

細胞的構造與各種不同的作用

細胞的基本構造（剖面圖）

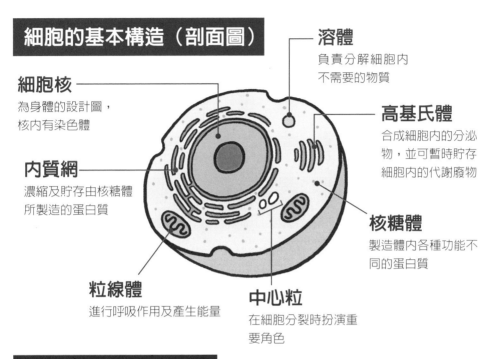

溶體
負責分解細胞內
不需要的物質

細胞核
為身體的設計圖，
核內有染色體

高基氏體
合成細胞內的分泌
物，並可暫時貯存
細胞內的代謝廢物

內質網
濃縮及貯存由核糖體
所製造的蛋白質

核糖體
製造體內各種功能不
同的蛋白質

粒線體
進行呼吸作用及產生能量

中心粒
在細胞分裂時扮演重
要角色

各式各樣的細胞種類

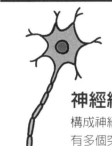

神經細胞
構成神經之細胞。
有多個突起，能與
其他神經細胞連結。

上皮細胞
覆蓋皮膚及腸胃
道表面的細胞。

肌細胞
構成肌肉的長形細
胞，具有收縮的功
能。

紅血球
於血液中負責搬運
氧氣及二氧化碳。

骨細胞
擁有許多長足，與
相鄰的骨細胞緊密
地互相纏繞。

繪製出詳細人體解剖圖、被稱為近代解剖學之父的安德雷亞斯・維薩里（Andreas Vesalius）

近代科學中的解剖學，是從西元16世紀開始的，源頭就來自於挑戰人體之謎的比利時醫師安德雷亞斯・維薩里（Andreas Vesalius，1514～1564年），於1543年所出版的醫學書籍《人體的構造》。

維薩里18歲時就離開比利時赴巴黎大學就讀醫學，在上解剖課程時，就對當時在解剖方面常常採取分工制度的狀況感到疑惑。那個時候大家普遍信奉古羅馬時期的醫學家蓋倫（Galen）的醫學理論，並不著重於觀察人體的構造。解剖時，則是分為負責執刀的「執刀者」、拿著棒子指示的「簡報者」、還有進行解說的「解剖學者」。

然而當他實際去仔細地觀察人體時，會發現有些地方與當時的權威書籍內容並不吻合，於是維薩里認為，一定要親自動手去解剖人體並進行確認，否則就無法得知真正的全貌。

之後維薩里為了進一步研究解剖學，進入了義大利的帕多瓦大學，在23歲時被任命為教授。他在大學的授課過程中親自解剖過多具遺體，並基於觀察的結果持續進行考察與研究，執筆寫下了內容極為龐大的書籍。

那就是他在28歲時出版的《人體的構造》。本書不只學術價值極高，而且在解剖圖的優美程度及正確性上，是現代的我們看了都要為之一驚的地步。

於是，親自動手解剖、親眼觀察的維薩里開創了近代醫學的歷史，以他為開端而發展的解剖學研究，也改變了形式，至今仍在持續進行中。

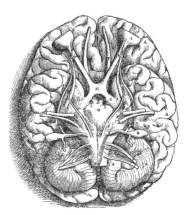

維薩里所繪製的腦基底部。

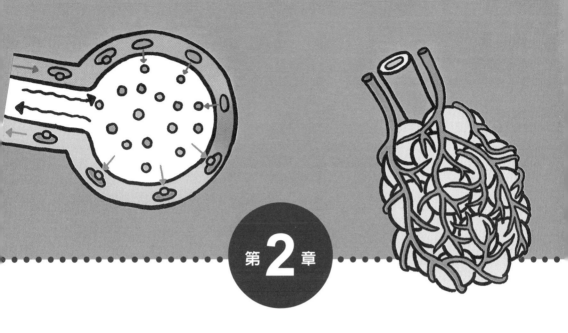

第 2 章

呼吸與循環之謎

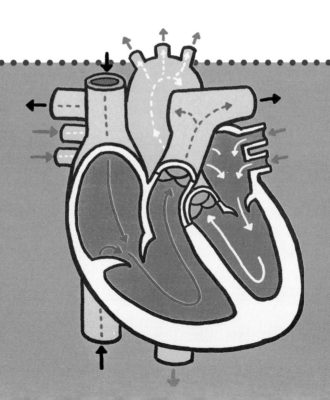

✚由大約37張榻榻米大小的器官進行氣體交換

不只是人類，動物們都是靠著進行吸入氧氣、吐出二氧化碳的「呼吸」而活著。**在我們的身體裡，會藉由呼吸來進行氧氣與二氧化碳的氣體交換。**

從口腔及鼻腔進入的空氣通過氣管進入肺臟之內，氣管在左、右肺內像樹枝一樣不斷分支，並且會逐漸變細。在這些支氣管的尖端，是眾多像葡萄串一樣的微小肺泡，表面遍布著極細的微血管。

肺泡的表面積可達 50 ～ 60 平方公尺，若以榻榻米的面積來換算，大約為 37 張榻榻米，氣體交換就在此處進行。

✚氧氣與紅血球結合後運送到全身各處

攝取進體內之空氣中所含的氧氣，會從遍布在肺泡表面的微血管進入血液中。血液中有紅血球，紅血球中含有一種名為血紅素的物質，這種物質具有能與氧氣輕易結合的特性。利用這個特性與氧氣結合後的紅血球，再透過動脈被運往全身。

而在繞行過全身的血液裡，則溶入了體內不需要的二氧化碳。當血液再度回流到心臟後會送往肺部，等到抵達肺泡之後，二氧化碳會穿過血管壁進入肺泡，同一時間，因為新鮮的氧氣也已進入肺泡之內，所以紅血球會再度與氧氣結合，進入肺泡中的二氧化碳則會與氣體一起從口鼻呼出體外。

肺部進行氣體交換的機制

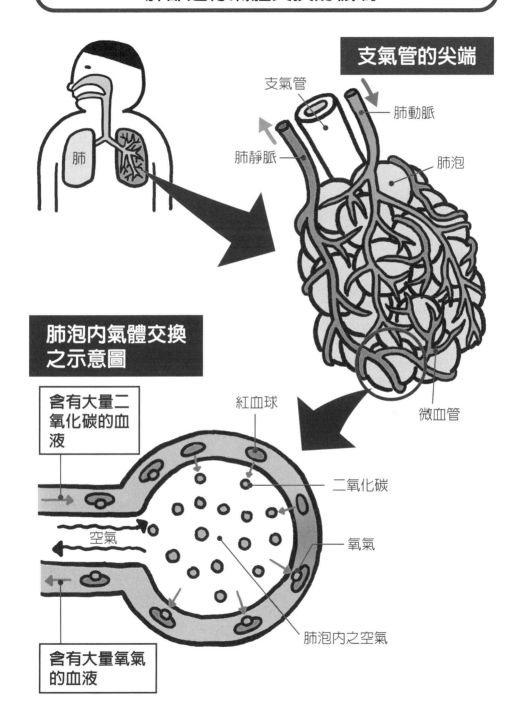

支氣管的尖端

支氣管

肺動脈

肺靜脈

肺泡

肺

肺泡內氣體交換之示意圖

含有大量二氧化碳的血液

紅血球

二氧化碳

微血管

空氣

氧氣

肺泡內之空氣

含有大量氧氣的血液

15 肺臟沒有自行膨脹的能力嗎？

▶▶肺臟需要靠橫膈膜及肋間肌才能進行呼吸

✚空氣的流入與排出都在肺臟進行

很多人會以為肺臟是靠著本身的力量進行膨脹與收縮來吸入及吐出空氣，而事實上並非如此。這一點與能夠靠著自身力量跳動的心臟，是完全不一樣的情況。

由於肺臟本身並不具有膨脹的能力，所以必須借用位於胸部與腹部之間的肌肉橫膈膜、以及位於肋骨之間的肋間肌兩者的力量。

在吸氣的時候，肋間肌收縮將肋骨向上提，於此同時，隔開胸部與腹部的橫膈膜則往下降，擴大肋骨內的空間。這樣可以降低肋骨內的壓力，讓空氣流入膨脹的肺臟內。

而在吐氣的時候，已伸展開的肺臟因為本身的彈性而要恢復原狀時，肺臟內的空氣就會被呼出去。隨著肺臟將空氣吐出而縮小，肋骨下沉、橫膈膜上升、胸廓縮小，同樣會讓肺臟內的空氣被呼出去。這就是呼吸的機制。

✚吸入的空氣中有1／3不會被利用

人類的左肺比右肺更小，形狀也不一致，這是因為心臟稍微偏向左側的緣故。重量方面右肺大約為 600 公克，左肺則大約為 500 公克。**左右肺加起來的肺部容量比 2 公升多一些，每一次的呼吸空氣進出肺部的流量大約為 500 毫升。**

不過，吸到肺部裡的空氣並不會全部都用在氣體交換。這是因為吸入的空氣中有 1／3 的量是前一次呼吸時沒有完全呼出而殘留在氣管內的空氣，而這些空氣是已經使用過的。

與呼吸關係密切的器官與肌肉

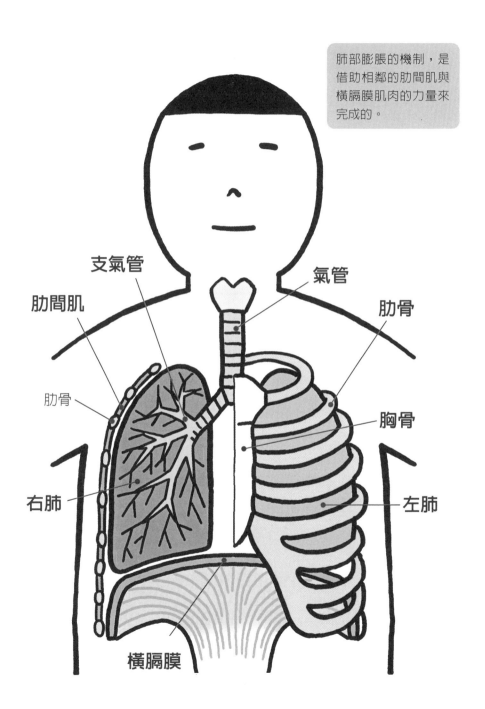

肺部膨脹的機制，是借助相鄰的肋間肌與橫膈膜肌肉的力量來完成的。

支氣管

氣管

肋間肌

肋骨

肋骨

胸骨

右肺

左肺

橫膈膜

聽說女性與男性的呼吸方式不同,是真的嗎?

▶▶女性大多為胸式呼吸,男性則大多為腹式呼吸

✦胸式呼吸是利用肋間肌運動的呼吸法

吸入空氣,在肺部中將氧氣攝取到體內,並將二氧化碳等身體不需要的物質吐出,這就是呼吸。

不過實際上呼吸有兩種方式,一個是「胸式呼吸」,另一個則是「腹式呼吸」。

胸式呼吸是透過圍繞胸腔的肋間肌之收縮運動來擴大胸腔,讓空氣進入肺部。而在呼氣的時候,肋間肌則會放鬆,將肺部的空氣擠壓出去。大家可以想像一下深呼吸的感覺就更容易理解了。

一般而言,女性大多採用胸式呼吸,這可能是為了在懷孕期間腹腔狹窄的情況下也能輕鬆呼吸的緣故。

✦腹式呼吸是利用橫膈膜運動的呼吸法

腹式呼吸是透過肺部下方橫膈膜的運動,來吸入及呼出空氣。橫膈膜收縮時,肺臟會往腹部方向膨脹讓空氣進入肺部,而橫膈膜恢復原狀時,肺內的空氣則會由下往上被擠壓出去。一般認為男性的呼吸方式大多為這種腹式呼吸。

這兩種呼吸法各自有不同的功能,胸式呼吸的目的是將大量的空氣吸入體內,通常在運動或緊張的時候會使用這種方式。

腹式呼吸的目的則是為了將體內蓄積的空氣完全吐出,在放鬆的時候常常會採取這種方式。

不論哪一種呼吸法對人類來說都很重要,一般人在日常生活中也都會視情況靈活地運用這兩種呼吸法。

胸式呼吸與腹式呼吸之間的差異

胸式呼吸

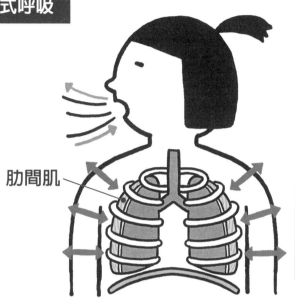

肋間肌

肋間肌收縮會讓肺部膨脹、吸入空氣。肋間肌放鬆則肺部恢復原狀，吐氣。是女性常用的呼吸方式。

腹式呼吸

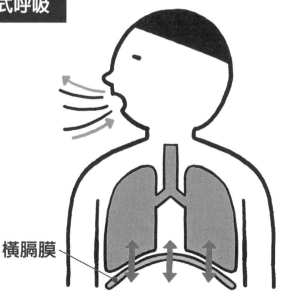

橫膈膜

橫膈膜收縮時會向下降讓肺部得以膨脹，吸氣。橫膈膜放鬆時則肺部恢復原狀，吐氣。是男性常用的呼吸方式。

41

✚體型愈大的動物壽命愈長

想要知道心臟一天跳動幾次，只要去數數看一分鐘的脈搏次數就知道了。由於成年人一分鐘的脈搏次數大約為 70 次，所以簡單計算一下，一天大約 10 萬次，一年的話就是 3650 萬次，若是以壽命80 歲來計算，心臟一輩子會跳動將近 30 億次。

據說一輩子的脈搏次數在大部分的動物之間是相同的，而以一分鐘的脈搏次數來看，體型愈大的動物次數愈少，體型愈小的動物次數愈多。舉例來說，大象的脈搏次數一分鐘約 25 次，壽命約為 60年。小家鼠的脈搏次數為一分鐘約 550 次，壽命約為 3 年。因此可以說體型愈大的動物壽命就愈長，不過人類等動物仍有例外。

✚心臟是唯一會自發性活動的器官

心臟的功能是像幫浦一樣將血液送往肺部及全身進行循環，成年人的心臟一分鐘可送出 5 ～ 6 公升的血液，一天大約可將 7000 公升以上的血液輸送到體內各處。當人處於安靜狀態時，每次脈動輸出的血液量為 70 ～ 80 毫升，而在激烈運動之後，心跳次數會增加到每分鐘跳動 200 次以上，所以大約會輸出 25 公升的血液。另外，脈搏在緊張、害怕的時候也會增加，當感覺到自己正心跳不已的時候，就是因為自律神經刺激了心臟的節律。

心臟能夠不透過神經控制自發性地活動，這是因為心肌的各個細胞具有能夠規律跳動的特性。由於這種特性，即使將心臟取出體外依然能夠短暫地跳動一段時間。

讓血液進行循環的幫浦功能

心臟控制的血液流向

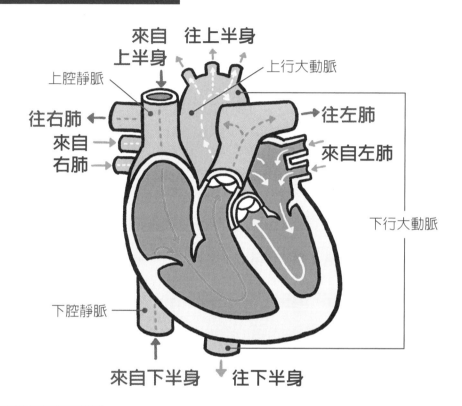

來自上半身　往上半身

上行大動脈

上腔靜脈

往右肺←
來自右肺→

往左肺←
來自左肺←

下行大動脈

下腔靜脈

來自下半身　往下半身

脈搏的機制

透過心肌的收縮與舒張能讓血流進出心臟。心臟內的4個瓣膜具有防止血液逆流的功能。

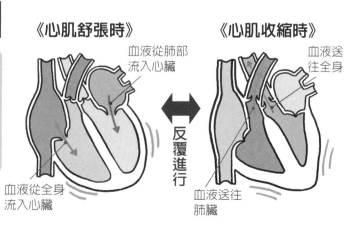

《心肌舒張時》

血液從肺部流入心臟

血液從全身流入心臟

反覆進行

《心肌收縮時》

血液送往全身

血液送往肺臟

18 因為左胸會感覺到心臟跳動，所以心臟也位於左胸？

▶▶從解剖位置來看，心臟其實位在胸腔接近中央的位置

╋左胸會感覺到心跳，是因為心尖朝向左側

如果將手按在胸口，會感覺到心跳的位置在左邊，所以很容易以為心臟就是位於左胸，不過，心臟其實是位在胸腔接近中央的位置。

心臟跳動最強烈的地方，位於心臟左下方前側的尖端，也就是心尖的位置。我們會覺得心臟的跳動在胸口左側，其實是因為心尖朝向左邊的關係，所以才誤以為心臟位於左胸。

╋再加上心臟朝左邊扭轉

心臟的位置在胸部中心稍微往左側突出，體積比拳頭稍微大一些，長約 14 公分，重量約為 250 ～ 350 公克，內部分成右心房、右心室、左心房、左心室 4 個腔室。

右心房與右心室會將循環全身回流到心臟的血液送往肺部，左心房與左心室則會將肺部回流到心臟的血液送往全身。右心室位於肺臟附近，所以在送出血液時並不需要太強的力量，但左心室在輸出血液時從頭頂到指尖都必須完整輸送，所以需要強力的輸出力量，也因此心臟的左側會強力地搏動。

在解剖圖鑑等書籍上，繪製的心臟從正面角度來看右心室通常會畫得比左心室還要大（請參考前頁上圖）。

但實際上兩者的大小並沒有差異，只是因為心室的下方比上方更為後傾，所以從正面角度看前側會比較大。再加上心臟往左邊扭轉，所以朝前方突出的右心室才會看起來比較大，左心室看起來比較小。

心臟並非左右對稱的

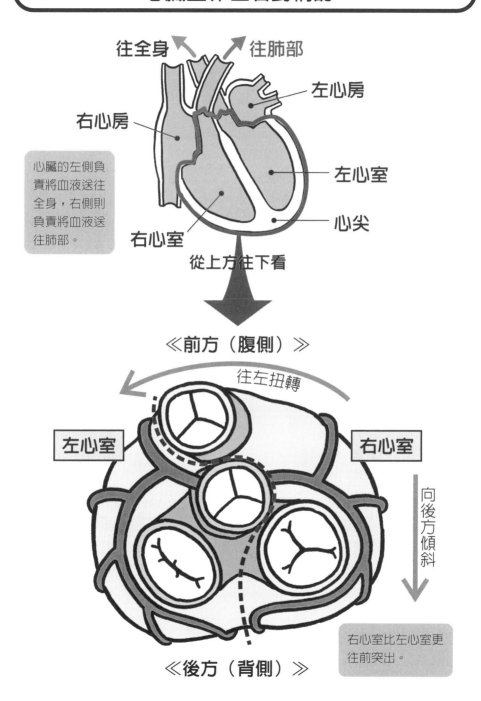

往全身　往肺部

左心房

右心房

左心室

心臟的左側負責將血液送往全身，右側則負責將血液送往肺部。

右心室

心尖

從上方往下看

≪前方（腹側）≫

往左扭轉

左心室

右心室

向後方傾斜

右心室比左心室更往前突出。

≪後方（背側）≫

低血壓與高血壓
各代表什麼意義？

▶▶血壓異常是身體正在發生問題的徵兆

✚低血壓表示身體無法得到充分的血液循環

所謂血壓，是指從心臟送出的血液造成動脈擴張時的壓力。血壓計上的「收縮壓」，是指心臟肌肉收縮將血液送出去時的壓力，另一方面，「舒張壓」則是心臟肌肉最為舒張時的壓力。

血壓比一般人還要低的時候稱為「低血壓」，**低血壓狀態表示身體無法得到充分的血液循環，因此氧氣無法充分運送到全身，會讓人頭暈目眩，早上醒來後也會無法馬上活動**。低血壓目前沒有國際上的診斷標準，一般而言，當收縮壓低於 100 mmHg（毫米汞柱）時，通常會被診斷為低血壓。

✚高血壓會增加動脈硬化或心肌梗塞的風險

我們的身體在運動或環境變化的影響下，血壓通常會高高低低。運動時因為身體需要氧氣所以血壓會上升，而在感受到壓力或情緒發生波動等情況時，血壓也會上升。

這種暫時性的血壓上升每個人都會發生，但有些情況則是疾病所造成的血壓上升。其中特別會造成健康問題的，就是生活習慣病中的高血壓。**一旦持續有高血壓的情況，就會對血管造成損害，血管壁變得硬化狹窄而引發「動脈硬化」，有時甚至會導致心臟的血管發生堵塞讓血液無法流通的「心肌梗塞」**。高血壓的診斷標準為收縮壓在 140 mmHg（毫米汞柱）以上，舒張壓在 90 mmHg（毫米汞柱）以上。

血壓會升高也會降低

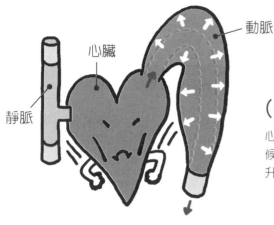

動脈

心臟

靜脈

收縮壓
（收縮期血壓）

心臟進行收縮並將血液送出去的時候，對動脈造成的壓力（血壓）會升高。

反覆進行

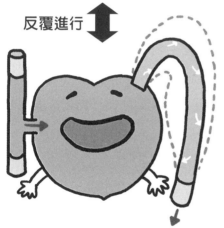

舒張壓
（舒張期血壓）

心臟進行舒張且血液進入心臟的時候，對動脈造成的壓力（血壓）會降低。

生活中的不同場景也會影響到血壓

血壓在身體積極活動的時候會升高，安靜休息的時候則會降低。

高

低

20 血型是如何被區分的？

▶▶ 利用紅血球表面不同的多醣類來進行識別

✚最廣為人知的鑑別方式為ABO血型系統

血液有好幾種分類方式，其中最被廣泛使用的方法就是 1900 年在奧地利所發現的「ABO 血型系統」。在構成血液的紅血球表面上，有不同構造的「多醣類」，而 ABO 系統中的血型，就是由這個多醣類來決定。

O 型血的人其多醣類被稱為「H 物質」，其中的「H」是從「Human」來的。A 型血的人其紅血球上的 H 物質末端附著的是 A 物質，B 型血的人其紅血球上附著的是「B 物質」，而 AB 型血的人則附著的是「A 物質」與「B 物質」兩種物質。

✚O型的「O」指的是「沒有」的意思

既然有 A、B 兩型，那麼接下來應該是 C 型才對，但為什麼稱作 O 型呢？這是因為 O 型人的多醣類只有「H 物質」，沒有「A 物質」也沒有「B 物質」附著於其上。那麼，為什麼會用到「O」這個字母呢？

這是因為在德語中「Ohne」代表「沒有」的意思，所以用了這個字的字首來代表。O 型的人因為只帶有基本型態的「H 物質」，所以 O 型血是萬能的，能輸血給其他血型的人。

不過如果大量輸血的話，還是有可能會引發凝血或溶血反應，所以目前除了緊急狀態之外，並不能輸血給其他血型的人。

另外，還有一個 Rh 血型系統，是非 ABO 血型系統但又具代表性的血型分類方式。主要分成「Rh 陽性」與「Rh 陰性」，一般而言 99.5%的日本人都屬於 Rh 陽性。

ABO血型系統中不同血型的差異

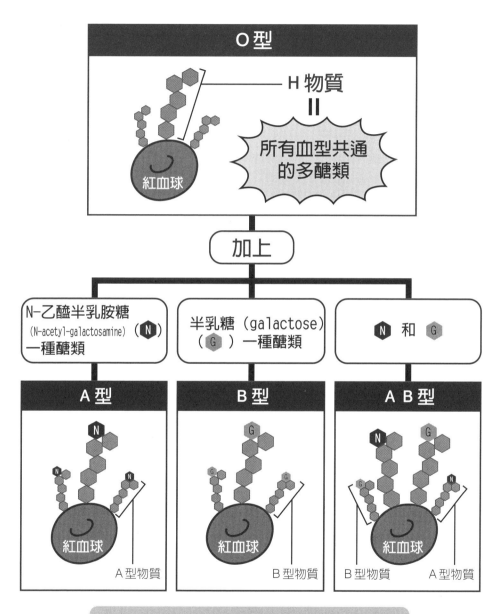

這種多醣類的型態會藉由遺傳由父母傳給下一代。在日本，A型的人最多，AB型的人最少。另外有些國家則是以O型的人最多，例如美國。

就算把脾臟切掉也沒關係 這種說法是真的嗎？

▶▶雖然沒關係，但脾臟是維持身體健康的重要器官

✚位於左側腹，跑步過後會疼痛的器官

在我們的身體裡有好幾個雖然知道名稱但卻不太清楚其功能的器官，其中最具代表性的就是脾臟。

脾臟位於我們的左側腹部，是外型類似蠶豆、質地如同海綿一般柔軟的器官，長度約 10 公分，重量約 100 ～ 150 公克。

我們在跑步過後有時會覺得左側腹疼痛，有一種說法認為這是因為運動需要大量的氧氣，此時脾臟為了將大量血液送到肌肉等處而工作過度，於是脾臟收縮導致疼痛。

✚破壞老化的紅血球，肩負免疫系統的功能

脾臟的內部包含紅髓與白髓兩種組織，其中幾乎都是血液。

紅髓的作用是破壞老化的紅血球，並將其中可再利用的成分回收，剩餘的部分則送往肝臟進行處理。

白髓則透過白血球的作用對抗感染，是肩負防禦功能的免疫器官。並且能製造抗體與病原體戰鬥，具有提高身體免疫力的功能。

不過，**由於這些作用在脾臟以外的其他器官也能進行，所以在因為疾病或意外等原因而必須將脾臟摘除時，患者通常不會立刻出現問題，仍然可以正常地生活。**由此可知，我們的身體就算沒有了脾臟也能生存下去，不過近年來發現脾臟內貯存的大量白血球中的一種淋巴球，具有能讓因心肌梗塞等原因而受損的心臟恢復功能的效果。

位於左側腹的脾臟功能

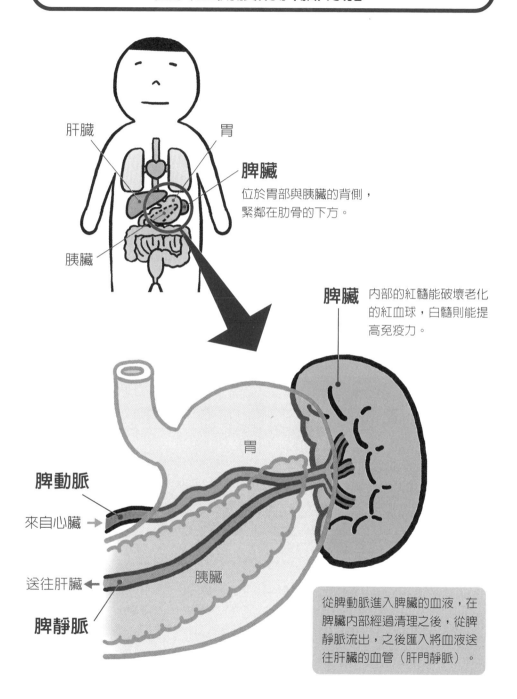

肝臟

胃

脾臟
位於胃部與胰臟的背側，
緊鄰在肋骨的下方。

胰臟

脾臟　內部的紅髓能破壞老化
的紅血球，白髓則能提
高免疫力。

脾動脈

來自心臟 →

胃

脾靜脈

送往肝臟 ←

胰臟

從脾動脈進入脾臟的血液，在
脾臟內部經過清理之後，從脾
靜脈流出，之後匯入將血液送
往肝臟的血管（肝門靜脈）。

只透過肉眼觀察就發現血液循環原理的威廉‧哈維（William Harvey）

在安德雷亞斯‧維薩里（Andreas Vesalius）透過親自解剖人體、並基於確切的證據於1543年出版《人體的構造》之後，大家依然信奉古羅馬醫學家蓋倫（Galen）的醫學理論。

以血液循環來說，心臟是輸送血液的幫浦，由心臟送出去的血液會在全身進行循環（血液循環學說），這一點是現代每個人都知道的常識。

但對當時的人們而言，大家相信的是蓋倫的學說，也就是血液像潮水一般潮起潮落地在布滿全身的血管內來回流動。

而即使是尋求人體自然真實一面的維薩里，在有關血液循環的理論方面，也沒有對蓋倫的學說產生懷疑。

真正發現血液循環原理的是英國的醫師威廉‧哈維（William Harvey，1578～1657年）。

由於當時的英國在醫學方面屬於落後國家，所以哈維前往了義大利的帕多瓦大學留學，師從維薩里的徒孫法布里休斯（Hieronymus Fabricius）學習解剖學。

結束留學生涯回到英國之後，哈維在臨床醫學上更為精進，在從帕多瓦大學回國的25年後，也就是1628年，出版了《心血運動論》，是第一本主張血液循環學說的書籍。

這本書的插圖很少，並沒有像維薩里《人體的構造》一樣使用了解剖圖。在哈維生活的時代裡，還沒有發明顯微鏡，所以任何人都不可能以肉眼看到連接動脈與靜脈的微血管。

可是在哈維的《心血運動論》書內，卻只透過肉眼的觀察，就徹底論證出心臟是輸送血液的幫浦、動脈將血液運往全身、靜脈讓血液回流到心臟、瓣膜的作用是防止血液逆流這樣的事實。

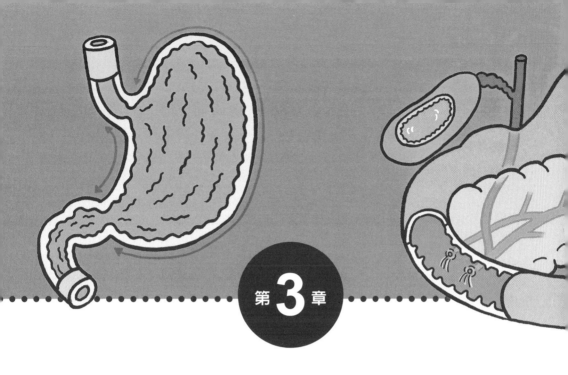

第 **3** 章

消化與吸收之謎

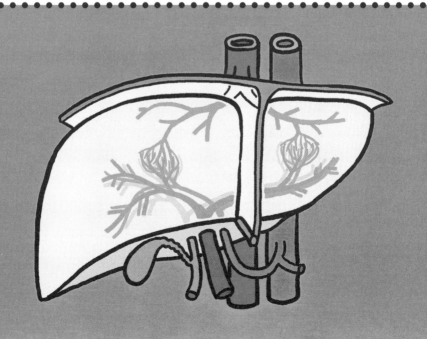

22

為什麼食物會卡在喉嚨？

✚ 動物的食道與呼吸道是完全分開的

當我們急著吃飯的時候，偶爾會有食物卡在喉嚨的情況發生，但人類以外的哺乳類動物卻不會如此，這是因為喉嚨構造不一樣的緣故。

人類以外的哺乳類動物，喉嚨內的食物通道 —— 食道，與空氣的通道 ——呼吸道，兩者是完全分開的，呈現立體交叉的型態。從鼻腔吸入的空氣往喉頭而去，從口腔攝取的食物則進入食道，所以食物可以很順暢地通過。**另一方面，人類的喉嚨有部分位置是作為食道與呼吸道分成兩條路的交叉點在一起的，所以必須進行交通疏導。**

✚ 人類能夠說話是因為採用了切換模式

喉嚨有「軟顎」與「會厭」兩個蓋子，這兩個蓋子會像火車鐵軌的切換開關一樣，開開關關地進行分配，讓食物進入食道，空氣進入呼吸道。

舉例來說，當我們在吞嚥食物的時候，軟顎與會厭會蓋住呼吸道，並保持往食道的通路暢通無阻。而在我們呼吸的時候，會厭則會抬起，打開呼吸道的入口。

一旦這個切換裝置無法正常運作，就有可能發生食物卡在喉頭或嗆到氣管的意外。

而這個機制雖然不太方便但也有其好處，那就是讓我們能夠發出嗓音。要發出嗓音就必須讓聲帶振動製造音波，而這個音波必須在口腔而非鼻腔中產生共鳴才能形成聲音。而人類的喉嚨正因為採取了這種切換模式才能發出嗓音，並且也因此獲得了語言能力。

食道與呼吸道之間的切換

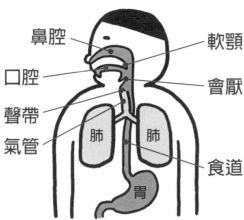

鼻腔
口腔
聲帶
氣管

軟顎
會厭

肺　肺

食道

胃

確保食道暢通

在吞嚥食物的時候，軟顎與會厭會堵住呼吸道，讓食物通往食道。

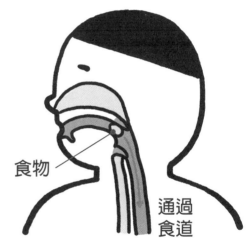

食物

通過
食道

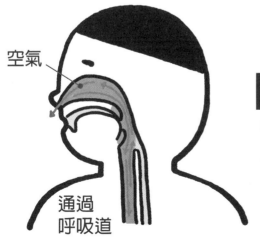

空氣

通過
呼吸道

確保呼吸暢通

呼吸及講話的時候，會厭會向上抬起，讓空氣通過呼吸道。

23

胃部可以
容納多少食物？

▶▶成年人的胃容量約等於2～3瓶的瓶裝啤酒

✚胃部是暫時保管食物的貯藏庫

一般問到胃有什麼功能，大多數人或許都會回答「消化食物」，但其實這個答案有些許不正確。胃部最重要的功能其實是暫時性地貯藏食物。

胃部的容量在成年人約為 1.2 ～ 1.6 公升，大約是 2 ～ 3 瓶啤酒的量。而在 1 ～ 2 歲的孩童身上，一次能容納的食物量大約為 0.5 公升。

不過我們的胃平時並非一直保持著大容量等著食物進來，胃在空著的情況下，體積大約只等同於一個棒球的大小，是在進食之後才配合吃進的食物量膨脹變大。

接下來一邊對保存在胃裡的食物進行消毒、殺菌，再一邊慢慢地進行消化，如此才能避免一直需要進食的狀態。

✚一旦食物通過胃部的時間過長，就會造成胃脹不舒服的感覺

胃壁上遍布著縱肌、環肌與斜肌三種肌肉，透過這些肌肉的縱向、橫向及斜向之收縮與舒張，胃部會進行蠕動，將食物與具有消化功能的胃液混合，攪拌成粥狀。胃液一天的分泌量大約有 2 公升。

食物通過胃部的時間因食物種類而異，一般來說大約要 2 ～ 4 個小時。冷食或柔軟的食物會比較快，熱食、較硬或油脂較多的食物則通過時間比較久。我們在吃下油膩的食物之所以常常會有胃脹不舒服的感覺，就是因為食物通過胃部的時間太長所致。

胃部的構造與大小

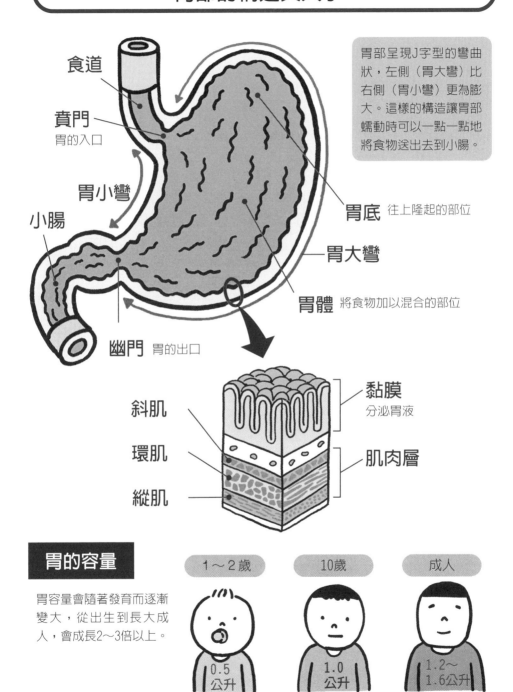

食道

賁門
胃的入口

胃小彎

小腸

幽門　胃的出口

胃底　往上隆起的部位

胃大彎

胃體　將食物加以混合的部位

胃部呈現J字型的彎曲狀，左側（胃大彎）比右側（胃小彎）更為膨大。這樣的構造讓胃部蠕動時可以一點一點地將食物送出去到小腸。

斜肌

環肌

縱肌

黏膜
分泌胃液

肌肉層

胃的容量

胃容量會隨著發育而逐漸變大，從出生到長大成人，會成長2～3倍以上。

1～2歲

0.5公升

10歲

1.0公升

成人

1.2～1.6公升

24

為什麼會打飽嗝？

▶▶這是因為胃部想要降低內部的壓力所致

✚飽嗝的來源是吞嚥下去的空氣

吃完飯後偶爾會吐出的飽嗝，到底是怎麼產生的呢？想要知道它的真面目，就要先了解在靠近食道的胃部上端，有一個名叫「胃底」的袋狀結構。

不過大家可能會覺得有點奇怪，明明位在胃部的上端，為什麼會被稱為「胃底」呢？這其實是因為源自拉丁語的關係。在拉丁語中「底」代表著「深處」的意思，如果解剖時從胃部以下的位置進行開腹的話，「胃底」就位於胃部之中最深處（底部）的位置，所以才這樣命名。

空氣或氣體很容易積在胃底，所以與食物一起吞嚥進來的空氣會累積在該處。此外，喝完碳酸飲料後也很容易打飽嗝，就是因為二氧化碳也會堆積在胃底。

當胃內累積的空氣或其他氣體達到一定的量之後，胃內的壓力就會升高，此時為了降低壓力，賁門會打開，這樣一來累積在胃底的氣體會往上穿過食道，從口腔吐出，這就是打飽嗝。

✚忍住不打飽嗝的話就會放屁

打飽嗝能排出胃部的氣體，那如果忍住不打飽嗝的話又會發生什麼事呢？**累積在胃底的空氣或其他氣體，如果無法從上方排出的話，那就會往下方移動到腸道，以放屁的方式排氣。**

順帶一提，牛隻等草食動物也經常會打飽嗝，這些排出的氣體中含有甲烷，一般認為這也是造成地球暖化的原因之一。

打飽嗝的機制

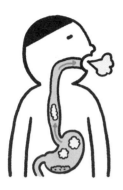

胃內累積過多的氣體，向上通過食道從口腔排出，這就是打飽嗝。

橫膈膜

關閉的賁門

括約肌

胃底

累積在胃底的空氣或二氧化碳

如同閥門一般作用的括約肌將賁門關閉，空氣或其他氣體無法往上進入食道。

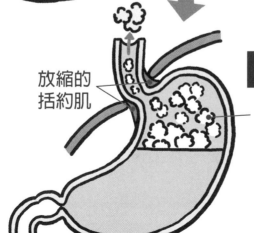

放縮的括約肌

賁門打開

超過一定量的空氣或二氧化碳

括約肌會暫時放鬆，讓空氣或二氧化碳往上進入食道。胃內的壓力降低。

✚ 小腸在肚子裡不會纏在一起是因為有腸繫膜的關係

小腸是由「十二指腸」「空腸」「迴腸」組成的消化器官。不算十二指腸的話，小腸的前 2／5 為空腸，後面 3／5 為迴腸，迴腸的長度稍微長了一些。**小腸在體內因為是呈現皺縮的狀態，長度大約為 3 公尺左右，但若是將皺縮完全拉開的話，則長度約為 6～7 公尺。**

而儘管小腸的長度有這麼長，卻能夠容納在腹腔內不會彼此纏繞而且還能正常蠕動，這是因為有「腸繫膜」存在的關係。腸繫膜是包覆並固定住小腸的薄膜，自腹腔的後壁如同窗簾一樣懸掛而下。腸繫膜的下擺充滿皺摺，長達 6～7 公尺的小腸就包覆於其中，也因此小腸才能容納在腹腔裡。此外，小腸之所以不會無力地下垂，也是因為腸繫膜將其懸掛住的關係。

✚ 小腸的主要功能為消化及吸收營養素

小腸主要有兩個功能，一個是將從胃部送過來的粥狀消化物分解成更小的物質，最後完成消化。送到小腸的粥狀食物，從十二指腸到通過空腸的出口需要花費數個小時，**在這期間，食物的營養素及水分會被小腸吸收，而吸收營養素的作業主要在空腸進行。**

小腸的另一個功能，是吸收食物的水分後送到大腸。吸收的水分除了來自食物之外，還包括體內分泌的唾液、胃液及膽汁。進入腸道內的水分有大約 8 成是在小腸被吸收，剩餘的部分則在大腸被吸收。

最長的消化道 「小腸」

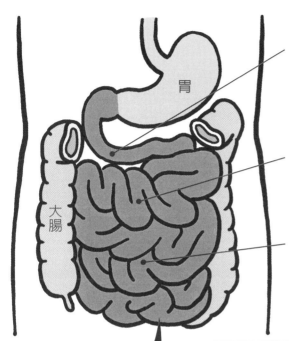

十二指腸

小腸最前端的部分,長度約為12根指頭併起來的寬度。

空腸

除去十二指腸,占剩下小腸的前2／5。

迴腸

除去十二指腸,占剩下小腸的後3／5。

小腸

胃

大腸

如果在體外拉開來的話……

可以長達6～7公尺!

從側面看過去的腹部剖面圖

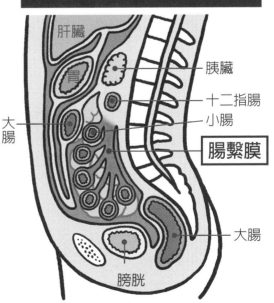

肝臟

胃

胰臟

十二指腸

小腸

腸繫膜

大腸

大腸

膀胱

➕負責消化工作的是口腔、胃及小腸

　　吃下去的食物，在器官的作用或消化液的化學反應之下，分解成身體容易吸收的型態，這個過程就稱為消化。人類身體之所以會進行消化作用，是因為如果食物中所含的營養素成分（分子）過大的話，就會無法吸收進體內。**而負責將食物轉變成能夠吸收的狀態或物質（消化作用）的器官，是我們的口腔、胃部以及小腸。**

　　食物進入口腔並用牙齒咬碎之後，會與唾液混合，通過食道進入胃部。暫時積存在胃部的食物，經過胃液與消化液的消毒及殺菌之後，會變成黏稠的粥狀食糜，接下來胃部會將粥狀食糜送往體內最長的器官、負責消化與吸收作用的主角　小腸。食物中的營養成分在小腸的最前端十二指腸進行分解，並轉變成身體容易吸收的型態。

➕食物在小腸迅速地被消化吸收後，再送往大腸

　　食物的營養成分在小腸內被分解成體內容易吸收的型態後，再由小腸的內壁將營養素加以吸收。小腸內壁有非常多的皺摺，表面覆蓋著被稱為絨毛的突起物，就像是天鵝絨一樣。加上這些突起的表面，整個表面積是人類體表面積的 5 倍之大，能夠非常有效率地進行營養的消化與吸收。而營養素被吸收後的食物殘渣則進入大腸，在水分再次被吸收之後，最後形成糞便。

　　胃部及小腸進行消化作用的時間各約 2 ～ 4 個小時，大腸則大約需花費 15 個小時，加起來就是大約一天的時間。有些比較難以消化的食物甚至需要花兩天的時間才能消化完畢。

食物通過消化道的時間大約需要一天

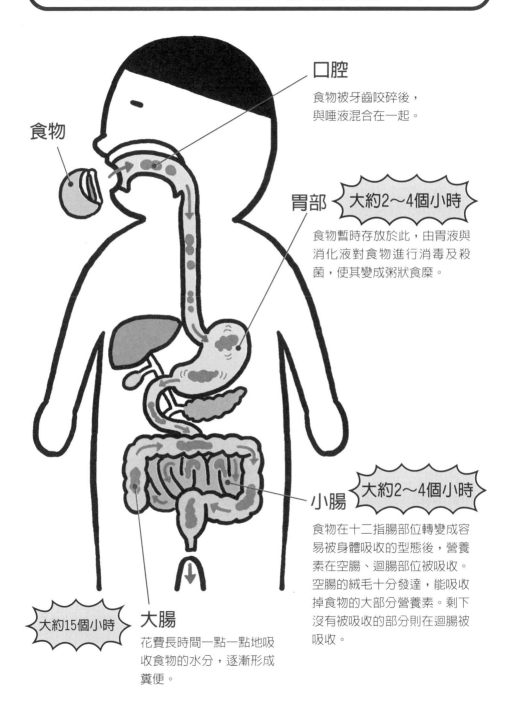

口腔

食物被牙齒咬碎後，
與唾液混合在一起。

食物

胃部 大約2～4個小時

食物暫時存放於此，由胃液與
消化液對食物進行消毒及殺
菌，使其變成粥狀食糜。

小腸 大約2～4個小時

食物在十二指腸部位轉變成容
易被身體吸收的型態後，營養
素在空腸、迴腸部位被吸收。
空腸的絨毛十分發達，能吸收
掉食物的大部分營養素。剩下
沒有被吸收的部分則在迴腸被
吸收。

大約15個小時 **大腸**

花費長時間一點一點地吸
收食物的水分，逐漸形成
糞便。

✚ 保護腸道的是腹肌等肌肉

從食道起始的消化道中，大腸是最後的部分，分為盲腸、結腸及直腸，長度約為 1.5 公尺。

在人體解剖圖中，經常可以看到大腸整齊地包圍住小腸的樣子，但實際上，腸道在體內的走向十分複雜曲折，有時甚至無法分辨出哪裡是大腸，哪裡是小腸。再加上每個人腸道的彎曲方式也不一樣，可以說腸道的樣貌十分「千變萬化」。

要說為什麼的話，那是因為不同於其他器官受到骨骼的包圍與保護，位於腹腔的腸道並沒有被骨骼所包圍。

我們吃下去的食物，會透過蠕動運動　也就是從食道開始到直腸為止，肌肉規律地收縮產生波動　從口腔一路被送到肛門。**這種運動方式，如果在腹腔被堅硬骨骼包圍住的情況下，將會無法順利進行，因此取而代之的，由腹肌等多條肌肉將腹腔的器官包圍住並加以保護。**

✚ 大腸並不具備消化的功能

大腸的功能在於吸收由小腸送過來的食物殘渣（消化物）中所含之水分，形成硬質的糞便。不過其實這些食物殘渣中，有時還會殘餘些許未被消化的營養成分。

然而不論有無營養成分，大腸本身都不具備消化的能力。**取而代之的，將這些成分進行分解的是生活在大腸裡的腸內細菌。也就是說，人類對於自身能力無法消化的物質，可以藉由腸內細菌來進行處理。**

腸道沒有被骨骼所包圍

腸道（大腸及小腸）位於肋骨與骨盆之間的腹腔，沒有被骨骼所包覆。

結腸
大腸的主要部分。往上方、下方、橫向、斜向等不同方向彎曲繞行。

盲腸
大腸最開端的部分。一天約有1.5公升的消化物從小腸進入。

直腸
大腸的末端部位。暫時貯存來自結腸的食物殘渣（糞便）。

大腸

肋骨

小腸

脊椎

骨盆

肛門
糞便排出的地方，平時為關閉狀態。

沒事～
沒事～

千變萬化的腸道

我們之所以能穿著突顯腰身的服裝，是因為腸道不受骨骼限制，能自由地活動。

65

✚肛門外括約肌能以意識來控制張開與閉合

直腸連接的肛門，是消化道的終點，負責排便的功能。肛門受到兩種肌肉的保護，一個是不受意識控制的肛門內括約肌，一個是能以意識控制開合的肛門外括約肌。而糞便之所以在無意識的狀態下也不會漏出來，就是因為肛門擁有這種構造的緣故。

當體內的糞便送到直腸達到一定的內壓之後，刺激就會傳導到脊髓產生排便反射，非意識控制的肛門內括約肌就會舒張，促進便意。而即使如此我們還能忍耐到廁所不會馬上排便，則是因為我們能夠用意識去控制肛門外括約肌維持在閉合狀態。另外，在睡著了以後糞便不會失禁漏出，也是因為肛門外括約肌接收到了腦部發出來的閉鎖指令。

✚肛門周圍的疾病──「痔瘡」有四個種類

肛門周圍的靜脈中，由於沒有防止逆流的靜脈瓣，所以靜脈血容易積存在肛門部位。一旦有血液鬱積情形的話，就會形成痔核，也就是「痔瘡」。換句話說，痔瘡可說是血液循環不良所引起的疾病。

痔瘡分成四種，在肛門內側產生的痔瘡為「內痔」，在肛門外側的則為「外痔」，第三種是便祕等情況導致在排出硬便時肛門皮膚破裂的「肛裂」（裂痔）。

而經常發生在男性身上的則是第四種「痔瘻」。這是一種因為肛門周圍的傷口沒有痊癒的情況下又反覆受傷，導致直腸與肛門周圍皮膚之間形成了一條通道的疾病。壓力或攝取酒精所導致的下痢等情況也是造成此病的原因之一。

肛門的構造與作用

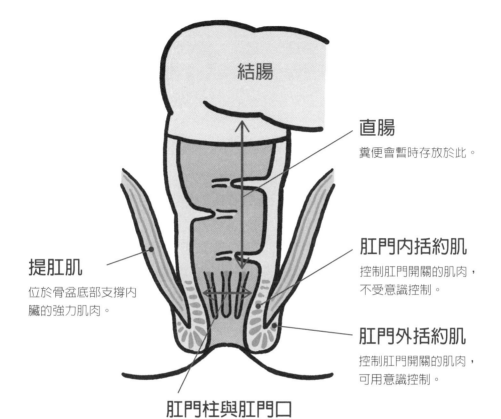

結腸

直腸
糞便會暫時存放於此。

提肛肌
位於骨盆底部支撐內臟的強力肌肉。

肛門內括約肌
控制肛門開關的肌肉，不受意識控制。

肛門外括約肌
控制肛門開關的肌肉，可用意識控制。

肛門柱與肛門口
黏膜皺摺能與括約肌一起作用，將肛門確實閉合。

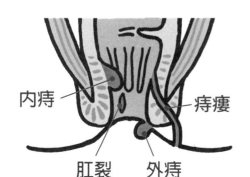

內痔

痔瘻

肛裂　外痔

四種痔瘡

內痔與外痔屬於「痔核」。
肛裂又稱為「裂痔」。

29
肝臟的功能
是什麼？

▶▶肝臟對體內的物質有分解、合成、解毒及貯存等功能

✚肝臟也能對酒精及藥物進行分解及解毒

　　肝臟是人體內最大的臟器，重量為 1 ～ 1.5 公斤，長度為左右約 25 公分，上下約 15 公分，厚度則有 7 公分左右。肝臟內執行各式各樣化學反應的為「肝細胞」，具有轉換營養素及分解有害物質等作用。

　　肝臟每一分鐘約有 1 ～ 1.8 公升的血液流入，**肝細胞能將從消化器官所吸收的營養成分分解及合成為適合身體的成分，除了能貯存養分，還能對酒精或藥物等有害物質進行解毒作用，同時每天還會生產約 1 公升的膽汁將代謝廢物排出**。僅僅一個器官就負責了多種任務，肝臟可以說是生物體內的化學工廠。

✚和其他器官不一樣，肝臟擁有很高的再生能力

　　肝臟最重要的功能，就是對養分進行化學處理。我們的身體無法直接利用從飲食所攝取到的營養素，必須在腸道內分解成單醣類之後，送往肝臟。**肝臟再將單醣類轉換成葡萄糖型態的能量，釋放到血液中，供給到全身**。

　　此外，肝臟還有貯存庫的功能，能將多餘的葡萄糖轉換成肝醣（單醣類的集合體）貯存在肝臟內。肝醣在必要時會轉換回葡萄糖，送到全身細胞以供使用。

　　肝臟同時還擁有極高的再生能力，即使手術將 3 / 4 的肝臟切除，只要剩下的肝臟是健康的，不到一個月的時間就能再生成原來的大小，是唯一擁有再生能力的臟器。

大量血液進出的肝臟

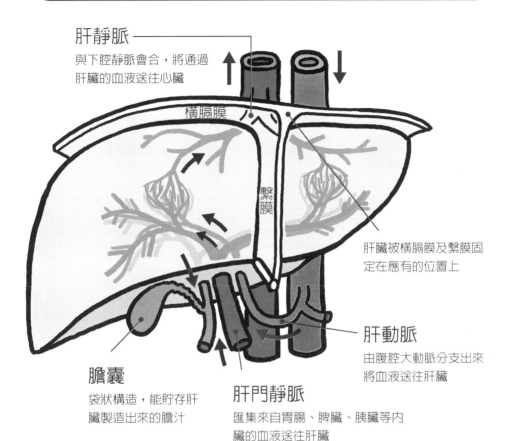

肝靜脈
與下腔靜脈會合，將通過肝臟的血液送往心臟

橫膈膜

繫膜

肝臟被橫膈膜及繫膜固定在應有的位置上

肝動脈
由腹腔大動脈分支出來將血液送往肝臟

膽囊
袋狀構造，能貯存肝臟製造出來的膽汁

肝門靜脈
匯集來自胃腸、脾臟、胰臟等內臟的血液送往肝臟

肝臟的主要功能

分解與合成	將吸收到的營養素轉換成身體適合的成分
解毒	分解體內的有害物質
排出膽汁	將體內的代謝廢物排出到膽汁內。同時膽汁也能幫助消化
貯存	製造出營養素並且能夠暫時貯存

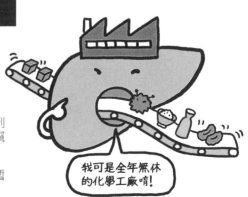

我可是全年無休的化學工廠唷！

30
為什麼胰臟沒有算在
五臟六腑之內？

▶▶因為胰臟位於身體深處，存在感十分薄弱

✚因為難以發現而被遺忘的胰臟

在吃到美味的料理或品飲醇厚的美酒、覺得自己彷彿重生的時候，往往會說一句「感覺五臟六腑都得到了滿足」。五臟六腑這個詞彙來自於中國傳統醫學，五臟指的是心臟、肝臟、脾臟、肺臟、腎臟，六腑指的是大腸、小腸、膽囊、胃、膀胱、三焦（無明確的實體）。而在現代醫學中，內臟也包括「胰臟」，所以也能稱之為六臟，但為什麼胰臟沒有算在五臟六腑之內呢？

胰臟位於胃部後方的身體深處，夾在胃與脊椎之間（請參考第61頁下圖），因此過去的人並不知道它的存在。也因為如此，胰臟有時也被稱為「被遺忘的器官」。

✚胰臟的重要功能：消化及控制血糖

儘管胰臟沒有包括在五臟六腑之內，但卻擁有很重要的兩個功能。一個是製造胰液分泌到小腸內，而胰液中所含的消化酵素能幫助澱粉、蛋白質及脂肪等物質的消化；另一個則是控制血液中的葡萄糖濃度，也就是血糖值。

胰臟內的胰島（Islets of Langerhans，又稱為蘭氏小島）細胞，能分泌胰島素（Insulin）及升糖素（Glucagon）等醣類代謝所需的荷爾蒙。其中胰島素的作用能讓身體將葡萄糖當作能量來使用，而升糖素則會在身體的血糖值下降時發揮作用，讓體內的血糖值上升。

胰臟位於身體的深處位置

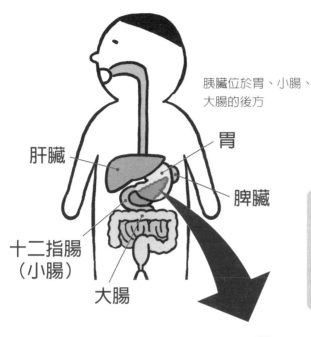

胰臟位於胃、小腸、
大腸的後方

肝臟

胃

脾臟

十二指腸
（小腸）

大腸

胰臟位於粗大的血管、
胃腸道與左腎之間的間
隙，呈現「ㄈ」字形嵌
於其中。解剖時需先將
胃腸移除後，方可看見
胰臟。

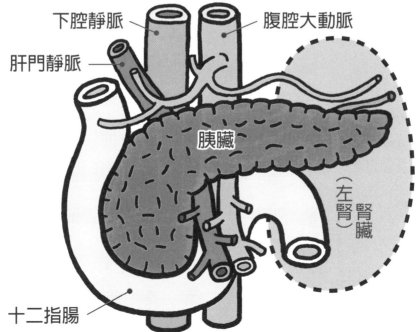

下腔靜脈

腹腔大動脈

肝門靜脈

胰臟

（左腎）腎臟

十二指腸

╋膽汁是肝臟製造出來的黃褐色液體

在連接肝臟與十二指腸的膽管途中，有一個袋狀的器官，此即為膽囊。**膽囊的長度為 7～10 公分，容積約為 40～70 毫升，其中容納的就是消化時會使用到的膽汁。**

膽汁中含有膽固醇及衰老血球被破壞之後釋出的膽紅素（Bilirubin），所以呈現黃褐色。順帶一提，糞便的顏色也是來自於這個膽紅素。另外，膽汁中所含膽汁酸則可以幫助脂肪的消化。

╋膽囊能暫時貯存膽汁並進行濃縮

肝臟製造出來的膽汁，通過膽管進入膽囊存放，在累積的期間，膽汁的水分會被吸收而濃縮。當食物進入十二指腸後產生的刺激，會讓小腸分泌出消化道的荷爾蒙，以此荷爾蒙為信號，膽囊會開始活動並預備將膽汁排出。

膽囊為了排出膽汁會開始收縮肌肉，**於此同時，胰臟也受到刺激開始分泌胰液，讓膽汁與胰液一起進入十二指腸**。接著，**食物中的脂肪成分會被分解**，一旦飲食中的脂肪含量過多，膽囊就必須分泌大量的膽汁。

膽汁中的成分如果因為某種原因而凝結成「膽結石」，有時可能會造成腹痛等身體不適的情況。日本人所罹患的膽結石，大多是主要成分為膽固醇的「膽固醇結石」。想要預防這種疾病，就必須有規律的飲食生活，以及減少攝取膽固醇或脂肪過高的飲食，才是有效的預防對策。

分泌到十二指腸的膽汁與胰液

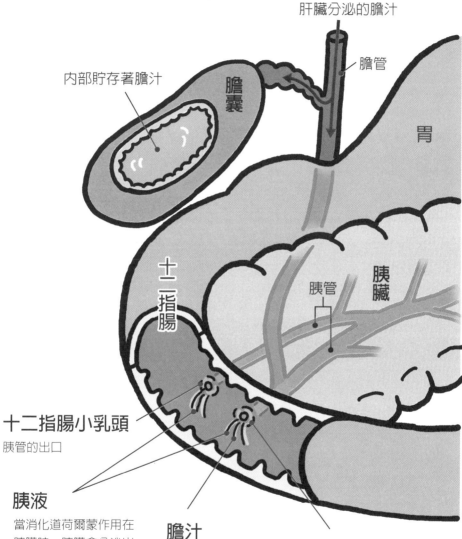

肝臟分泌的膽汁

膽管

內部貯存著膽汁

膽囊

胃

十二指腸

胰管

胰臟

十二指腸小乳頭

胰管的出口

胰液

當消化道荷爾蒙作用在胰臟時，胰臟會分泌出胰液送到十二指腸。胰液能中和被胃酸酸化的食物。

膽汁

當消化道荷爾蒙作用在膽囊時，膽囊就會將膽汁送到十二指腸。食物中的脂肪含量愈高，分泌出的膽汁就愈多。

十二指腸大乳頭

膽管及胰管的出口

▶▶為了在失去一個的情況下也能繼續進行重要的工作

＋腎臟在僅有一個的情況下也擁有完整的功能

在人類的身體內，有一種器官就像是淨水器一樣保持著體內血液的潔淨，那就是左右成對的腎臟。

腎臟深埋在脊椎兩側腹腔深處靠近體壁的脂肪之內，左腎比右腎的位置高出一些，這是因為右腎受到上方肝臟擠壓的關係。

將血液中的水分保持在健康狀態是維持生命極為重要的一環，而腎臟在這一方面占了非常重要的角色，所以為了保有更多餘力，我們的體內有兩顆腎臟，以便在因為疾病等原因而失去其中一顆時，剩下的一顆也能發揮完整的功能。一般認為體內有兩個肺臟也是因為同樣的理由。

＋過濾之後的原尿有99％會再被吸收回去

腎臟中有大量的特殊管線聚集，稱之為腎元（Nephron），腎元會將流經的血液中所含的多餘水分、鹽分及代謝廢物加以過濾，這些過濾出來的產物會以尿液的形式排出體外。也就是說，尿液的前身其實就是血液。

腎臟的左、右腎加起來，每分鐘會有 1 公升的血液流入，一整天下來總共約有 1.5 噸的血液會流入腎臟。**經過腎元過濾後的血液即為尿液的前身（原尿），一天約有 160 公升，但實際上最後只有 1％，也就是 1.5 公升左右的量會形成尿液排出體外**。這是因為原尿中 99％的成分如：水分、糖、鹽分、鈣質、維生素，會被腎元再次吸收，回到血液之中。

腎臟的位置關係與功能

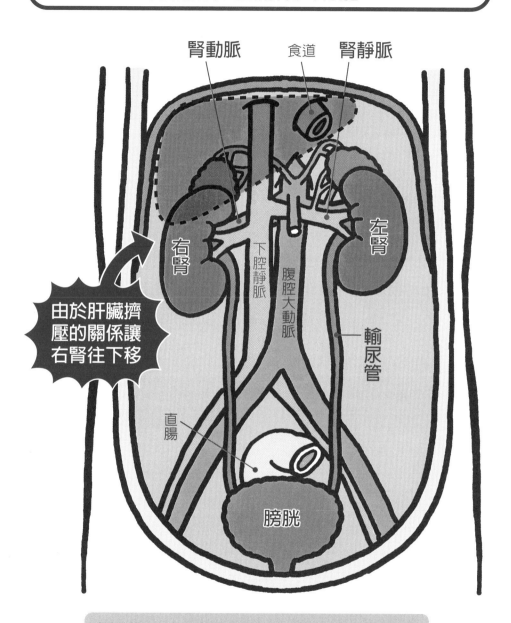

腎動脈　　　　食道　　腎靜脈

右腎

左腎

下腔靜脈

腹腔大動脈

輸尿管

直腸

由於肝臟擠壓的關係讓右腎往下移

膀胱

來自心臟的血液會經由腎動脈進入腎臟，進行再吸收與過濾作用。過濾乾淨的血液會流入腎靜脈再回流至心臟。多餘的成分會形成尿液，通過輸尿管排出體外。

33 尿液的顏色為什麼在不同的情況下會有所改變？

▶▶尿液顏色會隨著體內鹽分濃度的平衡而改變

✚保持體液量在一定範圍也是腎臟的工作

每當我們在炎熱的天氣下進行運動等大量流汗的行為之後，排出的尿液顏色都會比平時還要更濃。那麼，為什麼尿液的濃度會隨著情況而改變呢？

腎臟有個很重要的功能，那就是調節尿液的量與成分，來將體液的量與成分保持在一定的範圍內。

我們的身體，不論是在呼吸、讓血液進行循環、或是全身的細胞活動，都需要有一定的體液成分與體液量。一旦發生異常，就有可能讓細胞無法運作，或甚至死亡。體液量與循環的血液量息息相關，過多的話會導致高血壓，過少的話則會導致循環不良。

✚透過尿液的顏色有時也可以發現疾病

腎臟的功能之中有一項特別重要，那就是保持體內水分與鹽分的平衡。舉例來說，明明沒有大量流汗卻喝下大量的飲料，一旦體內的水分過多，鹽分濃度就會降低。因此這個時候身體會排出含有大量多餘水分的淡色尿液，讓體內的鹽分濃度恢復原狀。

另一方面，如果大量流汗之後卻沒有補充足夠的水分時，體內的水分會減少，同時鹽分濃度會上升，因此這個時候身體會排出含有大量鹽分及水分偏少的深色尿液，來保持體內的平衡，此時的尿液顏色就是深黃色的。

疾病有時也會讓尿液的顏色改變。在罹患腎臟或膀胱疾病的情況下，可能會排出白色混濁的尿液或帶血的紅色血尿。此外，如果尿液顏色呈現深綠色時，則可能與肝臟的疾病有關。

腎臟維持體內鹽分濃度的機制

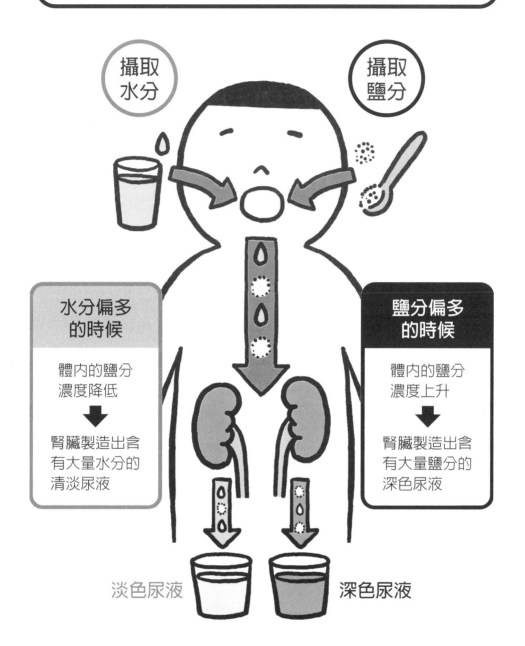

攝取水分

攝取鹽分

水分偏多的時候

體內的鹽分濃度降低

↓

腎臟製造出含有大量水分的清淡尿液

鹽分偏多的時候

體內的鹽分濃度上升

↓

腎臟製造出含有大量鹽分的深色尿液

淡色尿液　　　深色尿液

體內的水分與鹽分之平衡會改變尿液的濃度

34
膀胱的容量有多大？

▶▶成年男性的膀胱最多可容納約600毫升的尿液

✚男性與女性的膀胱容量不一樣

　　人類體內有好幾個器官可以像氣球一樣膨脹變大，其中一個就是膀胱。膀胱是由肌肉組成的袋狀器官，在沒有尿液的時候高度約3～4公分，上方會呈現塌陷的形狀。

　　當尿液開始累積之後，膀胱可膨脹為直徑10公分左右的球形，尿量達到膀胱容量的一半左右就會讓人開始產生尿意。膀胱無尿時，膀胱壁肌肉的厚度大約為10～15公釐，不過當尿液脹滿而膀胱壁延伸開來之後，肌肉會變得只有3公釐那麼薄。

　　在膀胱的容量方面，男性最多可容納500～600毫升左右的尿液，女性則因為膀胱上方還有子宮，所以最多只能容納450毫升左右的尿液。

✚男女的尿道長度不一樣，所以患病的風險也有所不同

　　男女擁有不同的尿道長度，女性的尿道較短，所以在構造上也比較不容易忍住尿意。

　　男性的尿道在射精時也兼任精液的通道，在睪丸（請參考第114頁）製造的精子，從前列腺的內側進入尿道後，通過陰莖內的部分完成射精，因此尿道長而彎曲。

　　相對地，女性的尿道只作為尿液排出的通路，所以是短而直的形式。也因此細菌更容易從女性的尿道出口入侵體內，容易引發膀胱炎或漏尿的問題。

　　而另一方面，男性的前列腺會隨著年齡增長而肥大，導致尿道變細而比較容易有尿路不順的問題。

膀胱與尿道的構造與作用

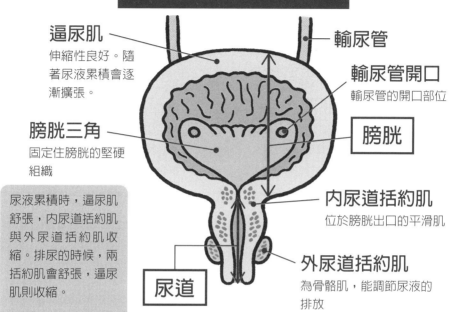

正面剖面圖（女性）

逼尿肌
伸縮性良好。隨著尿液累積會逐漸擴張。

輸尿管

輸尿管開口
輸尿管的開口部位

膀胱

膀胱三角
固定住膀胱的堅硬組織

內尿道括約肌
位於膀胱出口的平滑肌

尿液累積時，逼尿肌舒張，內尿道括約肌與外尿道括約肌收縮。排尿的時候，兩括約肌會舒張，逼尿肌則收縮。

外尿道括約肌
為骨骼肌，能調節尿液的排放

尿道

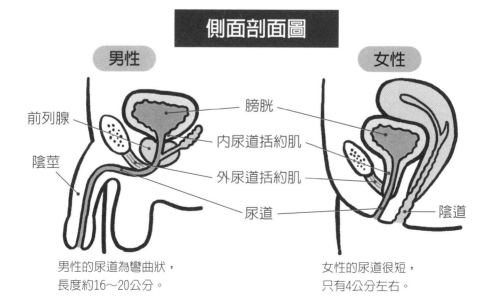

側面剖面圖

男性

前列腺

陰莖

女性

膀胱

內尿道括約肌

外尿道括約肌

尿道

陰道

男性的尿道為彎曲狀，長度約16～20公分。

女性的尿道很短，只有4公分左右。

細胞是構成生物的最小單位
許萊登與許旺的「細胞學說」

原本肉眼看不到的生物體微觀世界，之所以變得能夠呈現在我們的眼前，顯微鏡的技術可說是提供了極大的貢獻。

顯微鏡是在16世紀末發明的，到了19世紀才慢慢開始進步，到了1850年之後更是有了飛躍性的進展。在這樣的背景之下，學者們也開始懷抱著極大的期待，因為只要使用顯微鏡進行研究，應該就能在人類或動物體內發現具有意義的構造。

而第一個利用顯微鏡描繪出生命體的最小單位——細胞，並展示給世人看的，是活躍於17世紀後半的英國自然哲學與物理學家羅伯特・虎克（Robert Hooke，1635～1703年）。

虎克將紅酒瓶的軟木塞切成薄片並把截面放在顯微鏡下觀察後，發現形狀就類似於很多小房間的樣子，於是把它們命名為「Cell」（小房間之意），這個詞彙就成了英語中細胞（Cell）的由來。

而直到19世紀，才有人發現細胞並非只是植物組織內單純的一個空間，而是生命體的單位。

基於顯微鏡研究技術的發展，讓解剖學有了革命性發現的，是德國的馬蒂亞斯・雅各布・許萊登（Matthias Jakob Schleiden，1804～1881年），與泰奧多爾・許旺（Theodor Schwann，1810～1882年）。

身為植物學家的許萊登，在1838年提出植物體的基本構成單位就是「細胞」，而在翌年，解剖學家許旺則是針對動物組織提出相同的主張，完成了包含動、植物體的細胞學說。

許萊登與許旺認為細胞能夠進行繁殖的學說，雖然在之後受到修正，但兩位學者提倡的細胞學說，可以說是認定細胞是生物體內能夠獨立生存的生命單位的重大發現。

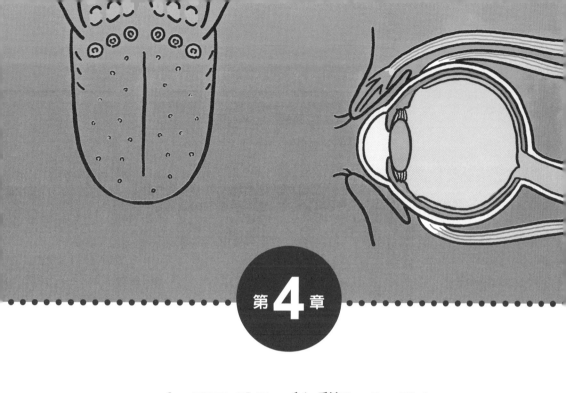

第 4 章

心理與感覺之謎

腦部是如何進行
訊息交換的？

▶▶ 神經細胞們會發出電子訊號並彼此進行交換

✚ 大腦是人體器官中的大胃王

脳部除了主掌我們的思考與感情，也整體控制著眼睛、耳朵、鼻子、口腔、全身皮膚等體內的各個器官，以及各種維持生命的重要功能。

脳部的重量約 1.2 ～ 1.5 公斤，是體重的大約 2 ～ 3%，不過所消耗的能量卻約莫占了飲食所攝取熱量的 20%。脳部除了在清醒的時間運作之外，在睡眠期間也會持續利用能量，進行資訊處理或運動指令等高度功能。此外，脳部也與其他器官不同，只能接受葡萄糖作為能量來源，並且無法事先貯存能量。**因此脳部比起其他器官更像是個大胃王，一旦血液中葡萄糖濃度不足，功能就會下降**，因此當感到疲累時會想吃甜食就是這個原因。

✚ 透過電位訊號與神經傳導物質傳遞感覺訊息

人腦中有超過一千億個神經細胞，腦與全身神經內的每個神經細胞，都會彼此交換電子訊號進行資訊傳遞。將訊號傳遞到相鄰神經細胞的部分稱為「突觸」（Synapse），當電子訊號傳遞到突觸時，**神經細胞會釋放出名為神經傳導物質的化學物質，傳遞刺激到下一個神經細胞。透過這些反覆進行的行動，皮膚或感覺器官得到的刺激，會以感覺訊息的模式傳達到腦部。**

另外，部分的神經細胞覆蓋有多點式的絕緣性被膜，透過這部分的跳躍式傳導，能讓電子訊號的傳遞速度更為迅速。

透過電子訊號來傳遞訊息

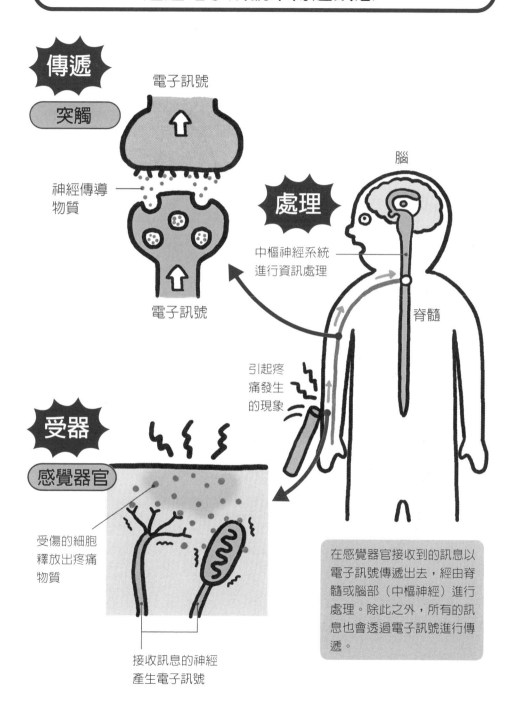

傳遞

突觸

電子訊號

神經傳導
物質

電子訊號

處理

腦

中樞神經系統
進行資訊處理

脊髓

引起疼
痛發生
的現象

受器

感覺器官

受傷的細胞
釋放出疼痛
物質

接收訊息的神經
產生電子訊號

在感覺器官接收到的訊息以
電子訊號傳遞出去，經由脊
髓或腦部（中樞神經）進行
處理。除此之外，所有的訊
息也會透過電子訊號進行傳
遞。

36

手感、熱度……
皮膚感覺到的是什麼？

▶▶ 皮膚可以區分五種不同的感覺

✚太燙或太冷都會讓人感覺到疼痛

皮膚是人體最大的感覺器官，成人皮膚的面積大約為一張榻榻米的大小。皮膚除了是包裹住全身的保護層之外，也具備六種感受器能感受到五種感覺。所謂感受器，是附著於皮膚內神經末梢名為小體的感覺器官或游離神經末梢。

五種感覺分別是皮膚感受到物體碰觸時的「觸覺」、感受壓力的「壓覺」、感受到疼痛的「痛覺」、感受高溫的「熱覺」及感受低溫的「冷覺」。

其中最有趣的，是熱覺與冷覺在溫度 16 ～ 40 度之間的範圍最為靈敏，但在溫度超過這個範圍時，產生的反應卻是感到疼痛，也就是感受到危險的痛覺。人類對溫度的感覺範圍出乎意料地狹窄，這其實是一種防禦反應，一旦碰觸到過燙的熱水時就會感覺到「疼痛」，這樣才能盡快逃離，保護自己的身體。

✚不同部位會產生不同的敏感性或鈍感性

儘管如此，從保護身體的層面來看，皮膚過於敏感不一定會更為有利。舉例來說，如果指尖過於敏感的話，光是碰觸物體就會覺得不太舒服。不同的身體部位對於感覺的敏感性有著很大的差異，若是以最具代表性的「兩點辨識（是否能辨別出距離相近的兩點刺激）」測定法來比較，最敏感的部位是手指尖、嘴唇、鼻子、臉頰，接下來是腳趾或腳底。另一方面，最遲鈍的部位則是腹部、胸部、背部、手臂及腿部。

皮膚中所具備的感受器

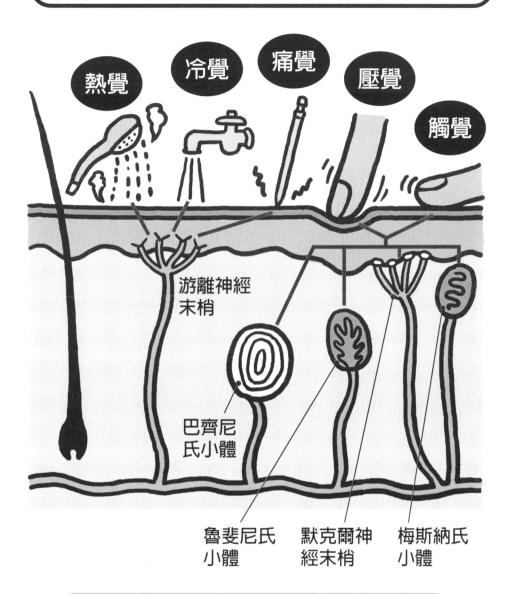

熱覺　冷覺　痛覺　壓覺　觸覺

游離神經末梢

巴齊尼氏小體

魯斐尼氏小體　默克爾神經末梢　梅斯納氏小體

在各個感受器內，游離神經末梢會感受到痛覺、熱覺及冷覺，巴齊尼氏小體（Pacinian corpuscle）、魯斐尼氏小體（Ruffini corpuscle）、默克爾神經末梢（Merkel nerve ending）及梅斯納氏小體（Meissner corpuscle）會感受到觸覺及壓覺。

37

壓力會造成
什麼不良的影響？

▶▶對腦部造成刺激，進而造成自律神經失調

✚壓力過大會表現在身體的症狀上

過度炎熱或寒冷、辛苦的工作、煩惱於人際關係而一直睡不好……當身心感受到過度的刺激（強大的壓力）時，為了處理這些壓力而表現出來的變化，就是壓力反應。

在相關領域的近期研究中，研究人員發現一旦遭受到壓力時，大腦的最高中樞也就是前額葉皮質（Prefrontal cortex）會受到影響。一旦壓力過於強大時，就會讓腦部無法正常運作，進而讓控制身體狀態的自律神經失調，且相關的變化都會表現在身體的症狀上。

受到強大壓力時會發生的代表性症狀，有眼睛疲勞、腸胃不適、失眠、頻尿、慢性疲勞等。若是長時間處於壓力狀態下，甚至可能會引發嚴重的疾病。

✚做自己喜歡的事來紓解壓力

每個人感受壓力的形式各不相同，即使是面對同樣的壓力，性格愈是認真的人就會愈敏感。相反地，抗壓性強的人，就很懂得如何去調整自己的情緒。而想要紓解壓力，去做一些自己喜歡的事情來改變心情就是很有效的方式。

舉例來說，聽音樂之所以會讓心情變好，就是因為能產生 α波（腦波的一種）。而目前已經發現，當我們在感到輕鬆或是集中注意力的時候，還有聽到鳥叫或潺潺溪水聲等讓人身心舒暢的聲音時，大腦會釋放出 α 波。所以製造出產生 α 波的狀態，也是紓解壓力的方法之一。

壓力會造成自律神經失調

身體各器官的活動受到自律神經（交感神經與副交感神經）的控制，而壓力主要會活化交感神經。

《交感神經》　　《副交感神經》

只有這一側的反應被活化

眼睛

瞳孔張開　　　　瞳孔合起

口腔

抑制唾液分泌　　促進唾液分泌

心臟

心跳加快　　　　心跳變慢

胃腸道

抑制消化　　　　促進消化

膀胱

縮小，容易頻尿　膨脹，尿液累積

腎上腺

分泌腎上腺素，身體呈現興奮狀態

為什麼會在悲傷
或開心的時候流眼淚？

▸▸眼淚具有讓心情平復下來的力量

✚ 哭泣能讓心情變得比較暢快

我們在感到悲傷、悔恨、還有非常開心的時候，有時會留下眼淚，但為什麼會流淚呢？這個原因目前還未明瞭。

不過，目前我們已知這種情緒性的眼淚受到自律神經中副交感神經的控制，而副交感神經是我們放鬆或是睡著時主要作用的神經，因此一般認為，**在情緒激動的時候，為了讓心情平復下來，副交感神經會開始作用，所以我們才會流下淚來。**

這也可能就是為什麼我們在盡情大哭一場之後，會有心情變得比較暢快一點的感覺。

✚ 眼淚同時還有保護眼睛表面的功能

眼淚是由眼瞼內側，位於眼睛上方的淚腺製造出來的，平時就會分泌些許淚液在眼球表面。**這些眼淚的作用就在於保護眼球表面，洗掉附著於眼球表面的塵土，還有防止眼睛變得過於乾澀。**眼睛在進了灰塵的時候之所以會流淚，也是為了把這些灰塵洗掉來保護眼睛。

此外，打哈欠的時候雖然偶爾也會流淚，不過原因與保護眼睛無關，而是因為流到眼球表面的眼淚會累積在鼻子旁的「淚囊」，平時會一點一點地流入鼻腔內，但在打哈欠時因為嘴巴大開，整個臉部都在活動，所以擠壓到淚囊，讓累積在裡面的淚液流了出來。

眼淚的流出方式

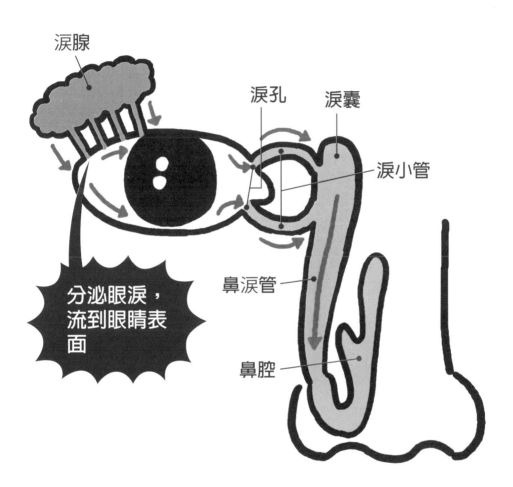

涙腺

涙孔　涙囊

涙小管

鼻涙管

鼻腔

分泌眼淚，流到眼睛表面

眼淚從涙腺分泌流到眼睛表面後，經過涙孔及涙小管後累積在涙囊之內。在重力的作用下會漸漸流入鼻涙管後進入鼻腔。在大量流淚哭泣的時候之所以會一起流出鼻水，就是因為眼睛與鼻腔之間有通道相連的關係。

89

✚負責擔任鏡片角色的水晶體

眼睛內有一個類似鏡片的器官，稱為「水晶體」，為了看清楚物體，水晶體會改變厚度來調整焦距，以便將光線集中在「視網膜」上。水晶體上連接著稱為「睫狀肌」的肌肉，在看遠距離的物體時，睫狀肌會放鬆，讓水晶體變薄，這樣就能減少光線折射來對準焦距。

相反地，在看近距離的物體時，睫狀肌會收縮讓水晶體變厚，增加光線的折射來對準焦距。

然而，當我們長時間盯著手機或電腦螢幕，或是一直看書時，睫狀肌為了對準焦距會一直處於緊張狀態，這樣一來，就會因為疲勞而無法調節焦距，於是讓視野變得模糊起來。 這種狀態稱為「眼睛疲勞」，所以當視野變得模糊時，就表示眼睛已經很勞累了，應該要讓它多休息才對。

✚眼睛本身就具有防手震的功能

眼睛內有 6 條控制眼球上下左右活動的肌肉，所以可以轉動到想要的方向觀看。例如我們在搭電車的時候，在臉部朝著正前方的狀態下，光是活動眼睛就可以偷窺到旁邊的人正在看的漫畫，就是因為眼睛有這種功能。

那麼為什麼需要多達 6 條肌肉呢？**這是為了讓眼睛在頭部或身體活動的狀態下也能保持視線的集中點，且看到的畫面不會移動。**

也就是說，眼睛本身就具備有「防手震功能」。

眼睛的水晶體調節功能

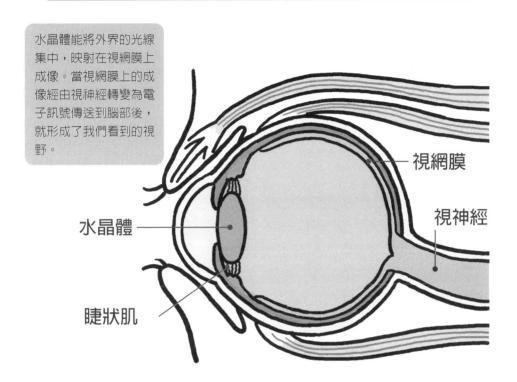

水晶體能將外界的光線集中，映射在視網膜上成像。當視網膜上的成像經由視神經轉變為電子訊號傳送到腦部後，就形成了我們看到的視野。

視網膜

視神經

水晶體

睫狀肌

眼睛疲勞

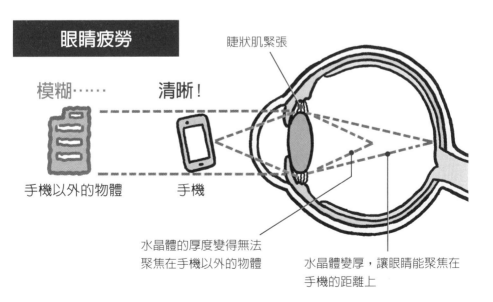

模糊……　　清晰！

睫狀肌緊張

手機以外的物體　　手機

水晶體的厚度變得無法聚焦在手機以外的物體

水晶體變厚，讓眼睛能聚焦在手機的距離上

40 視力是怎麼變差的？

▶▶眼球發生變化導致難以調節焦距

✚ 由於眼球的形狀而導致近視或遠視

在看物體的時候，水晶體會調整焦距，將進入眼睛的光線加以折射，以便讓物體的影像能夠清楚地投射在視網膜上。焦距能對準到視網膜上的狀態稱為正常視力，對不準的狀態則是近視或遠視。

焦距無法對準的原因之一，是眼珠本身的形狀。舉例來說，**看不清楚遠距離物體的近視，是因為眼球形狀的前後長度（眼軸）過長導致水晶體與視網膜的距離過遠**。相反地，若是眼球形狀的前後長度（眼軸）過短，則水晶體與視網膜的距離過近，就會變成看不清楚近距離物體的遠視。

另一個原因，則是睫狀肌的功能退化。例如一直習慣盯著近距離物體的情況下，會讓睫狀肌持續收縮而僵硬，就有可能導致近視。

另外，一旦眼球表面的形狀扭曲，就會讓焦距散開，看到的物體變成雙重影像，這種情況即為「亂視」（俗稱散光）。

✚ 一旦水晶體本身發生變質會導致老花眼

不論是誰都可能會發生的「老花眼」，是一種因為水晶體本身發生了變質（老化）所導致的。

水晶體隨著年齡增加而逐漸失去彈性，導致即使睫狀肌放鬆也難以改變水晶體的厚度，於是在看近距離物體的時候，變得無法對焦，這就是老花眼發生的機制。而要矯正這種情況，就是要配戴凸透鏡製作而成的老花眼鏡。

近視與遠視的形成機制與矯正法

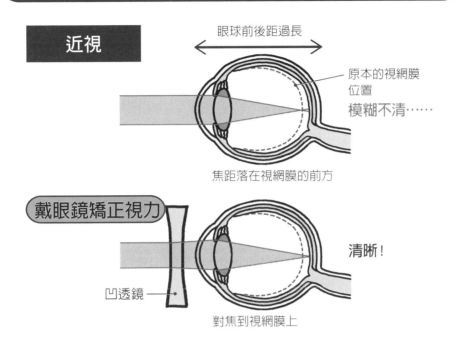

近視

眼球前後距過長

原本的視網膜位置

模糊不清……

焦距落在視網膜的前方

戴眼鏡矯正視力

凹透鏡

清晰！

對焦到視網膜上

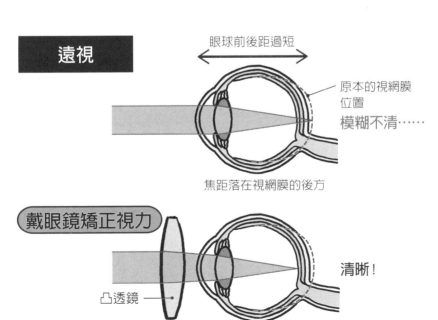

遠視

眼球前後距過短

原本的視網膜位置

模糊不清……

焦距落在視網膜的後方

戴眼鏡矯正視力

凸透鏡

清晰！

對焦到視網膜上

41

耳朵是透過什麼作用來聽到聲音的？

▶▶將空氣的振動轉換為電子訊號來產生聽覺

✚通過好幾個耳內的器官終於到達腦部

耳朵最開始的任務是收集聲音，而負責這個功用的，是向外側伸出的「耳殼」。耳殼等同於收集聲音的天線，凹凹凸凸的形狀能幫助耳殼正確聽取聲音。

聽覺的原理為空氣振動產生的聲波。耳殼收集到的聲波通過外耳道後，接著到達「鼓膜」，讓鼓膜產生振動，振動再往前傳送到人類體內最小的骨頭「聽小骨」。

聽小骨再下去是呈現漩渦狀的「耳蝸」，當振動傳到耳蝸後，讓耳蝸內的淋巴液產生波動，接著由毛細胞接收波動。**這些毛細胞就像鋼琴琴鍵一樣按照音程的順序排列，能將感知到的波動內容轉換為電子訊號。電子訊號再通過神經傳遞到大腦，就形成了我們聽到的聲音。**

✚聽力之所以會變差是因為毛細胞退化

隨著年齡增長，從耳朵聽到聲音到抵達大腦之間的過程，會逐漸發生各式各樣的問題。

其中聽力變差最大的原因，就是耳蝸內的毛細胞退化。愈靠近耳蝸入口的毛細胞愈會對高音產生反應，而愈靠近深處的毛細胞則是對低音產生反應，而不論什麼聲音都是從相同的入口進入耳朵內，因此負責聽取高音的細胞就比較容易受到傷害，導致人類在隨著年齡增長之後會愈來愈不容易聽清楚高音。

聲波轉換成聽覺的機制

1 聲波傳到鼓膜，鼓膜振動

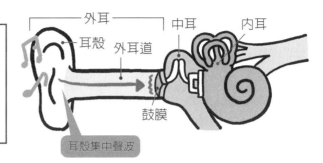

外耳　中耳　內耳
耳殼　外耳道
鼓膜
耳殼集中聲波

2 聽小骨放大鼓膜的振動力量

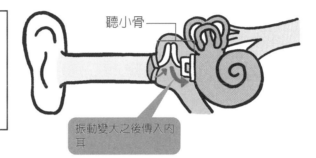

聽小骨
振動變大之後傳入內耳

3 振動在耳蝸內遊走，轉變成電子訊號

三半規管
耳蝸
耳蝸內的淋巴液產生波動，波動被同樣在耳蝸內的毛細胞接收

4 電子訊號藉由內耳神經傳遞到大腦

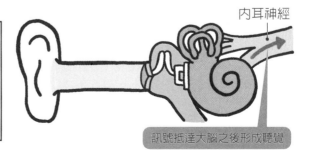

內耳神經
訊號抵達大腦之後形成聽覺

42
人類能忍受
多大音量的聲音？

▶▶對聲音忍耐的極限為飛機在周邊起降的引擎聲

＋讓人感覺到「安靜」的是喃喃細語聲

就像自己喜歡的音樂在某些人的耳裡很可能只是噪音一樣，對人類來說，並不是所有的聲音聽起來都會很舒服。

我們的耳朵會把空氣振動產生的波動以聲音的型態聽在耳裡，而音波的振動（振幅）愈大，聽到的聲音也就愈大。若是以聲音的大小再加進人體感覺的分貝（dB）為單位，可以用來表示各種事物發出的音量（聲音強度）。**舉例來說，喃喃細語聲為 30 分貝，拚命大喊的聲音則大概為 80 ～ 90 分貝。**

日常生活中會讓人感到「安靜」的為 45 分貝以下，一般來說適合住家環境的音量大概為 40 ～ 60 分貝。超過這個標準會開始讓人覺得吵雜，若是持續聽到 80 分貝的聲音，會有喪失食慾的現象，並會有造成聽力障礙的高危險性。鋼琴或地下鐵車廂內打開窗戶時聽到的聲音大概就是這種音量。

＋超過150分貝以上的音量會讓鼓膜破裂？

當音量到達 100 分貝時，例如汽車喇叭聲或電車通過高架橋下的聲音，因為是突然發出的巨大聲響，常常會讓人嚇一跳。**而在飛機附近聽到的飛機引擎聲或打雷聲這種會讓耳朵發痛的聲音，則大概有 120 分貝，這種音量已接近人類能忍受的極限。**

一旦超過這種音量，會讓鼓膜的功能發生異常，若是超過 150 分貝還可能讓鼓膜破裂。此外，用耳機聽音樂時如果音量大到音樂外漏的話，可能會有造成聽力障礙的危險。

聲音大小的原理與標準

傳到耳朵的聲波

空氣壓力重複地上上下下就是聲音的原本面目。這種重複波動的振幅愈大，聲音聽起來就愈大。

■音量小（＝振幅小）

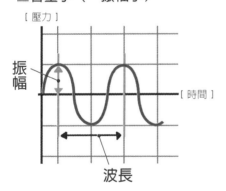

[壓力]

振幅

[時間]

波長

■音量大（＝振幅大）

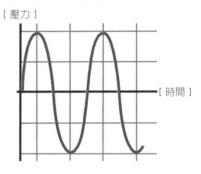

[壓力]

[時間]

聲音強度的標準（分貝）

數值	標準	數值	標準
20	樹葉搖動的聲音	80	鋼琴聲
30	喃喃細語聲	90	大聲喊叫、犬吠聲
40	安靜住宅區內的小鳥叫聲	100	電車通過高架橋下時聽到的聲音
50	冷氣室外機、安靜的辦公室	110	直升機的聲音
60	門鈴聲、一般的交談聲	120	附近的飛機引擎聲
70	吸塵器、電話鈴聲	＊資料來源：茨城縣Hitachinaka市「噪音的標準」

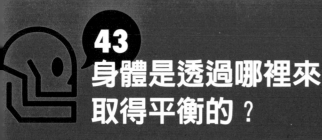

43
身體是透過哪裡來
取得平衡的？

▶▶透過耳朵內的前庭器官與三半規管取得平衡

✚前庭器官能夠感知上下左右的傾斜度與加速度

耳朵的主要功能雖然是聽覺，但它同時也是保持身體平衡的平衡器官。而負責這個任務、能夠感受身體的動作與傾斜程度的，是耳蝸旁的「前庭系統」，以及由前半規管、後半規管與外側半規管三個呈現半圓形的管狀結構，像益智環一樣地組合在一起的「三半規管」。

前庭系統與三半規管中充滿著淋巴液，同時還有能夠感應淋巴液波動的毛細胞。

前庭系統的毛細胞上有耳石，一旦頭部傾斜耳石就會移動，而毛細胞會根據耳石移動的情況感知頭部的傾斜程度，並將訊號傳遞給腦部，於是腦部就會感覺到上下左右的傾斜度與加速度。

✚三半規管能感知各種旋轉動作

三半規管在頭部旋轉的時候，因淋巴液產生流動而刺激到毛細胞，毛細胞再將訊號傳遞到腦部。三半規管主要感知的是頭部的橫向旋轉與前後旋轉。

這些耳內的器官只要有一個無法正常運作、無法正確感知到頭部的搖動程度，就會讓人連走路都很困難。

舉例來說，當我們在走路的時候，明明頭部在晃動卻能夠注視著同一個點前進，是因為感知到頭部正在晃動的大腦，將「讓眼球朝著頭部搖晃的相反方向移動」的指令傳達給眼睛的緣故。

雖然一般想到耳朵及眼睛常會覺得這是兩種不同的器官，但其實它們在平衡方面是彼此共同合作的。

内耳的構造與功能

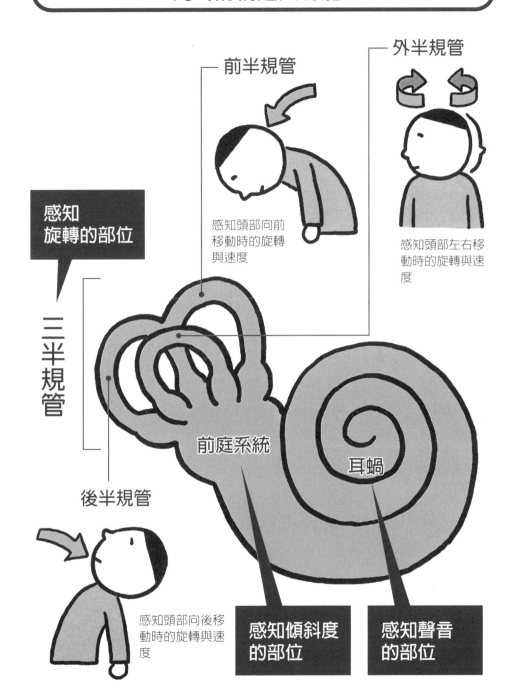

前半規管

感知頭部向前移動時的旋轉與速度

外半規管

感知頭部左右移動時的旋轉與速度

感知旋轉的部位

三半規管

後半規管

感知頭部向後移動時的旋轉與速度

前庭系統

耳蝸

感知傾斜度的部位

感知聲音的部位

✛對味道的敏感度順序為苦味、酸味、甜味、鹹味

大家可能聽過舌尖感覺甜味、舌頭側面感覺酸味、舌根處感覺苦味的「味覺圖」這種說法，但這其實是基於 1900 年研究所提倡的古老學說，實際情況有些許不同。

人類能感知到的味道分為「鹹味」「酸味」「甜味」「苦味」以及「鮮味」五種，味覺就來自於這五種味道。仔細觀察舌頭的話，可以發現舌面上有一顆一顆排列的小突起，這些突起稱為「舌乳頭」，而在舌乳頭的深處，有名為「味蕾」的器官，就是感覺味道的感受器。基本上舌頭的每個部位都能感覺到五種味覺，而敏感度的排列順序則是苦味、酸味、甜味或是鹹味。

不過舌頭上的有些位置的確比較容易感覺到味道，這是因為感知味道的感受器（味蕾）並非分布在整個舌頭上，而是集中在舌尖、舌根附近、以及舌頭側緣的後方。

✛味蕾的功能會隨著年齡增長而減弱

味蕾中有 8 成比例是位在舌頭上，剩下的 2 成則位於喉嚨及軟顎的柔軟部位。喉嚨處的味蕾對飲水也會有所反應，這種反應會關係到「吞嚥時的口感」。

孩童時期的口腔內約有 1 萬個味蕾，而隨著年齡增長會逐漸減少，邁入高齡時大約只剩下不到一半。孩童的味蕾也比較敏感，對於酸味或苦味的食物特別有感覺。而到了成年以後，之所以有變好吃的感受，則是因為感覺味道的能力下降，所以能感受到恰到好處的味道。

產生味覺的機制

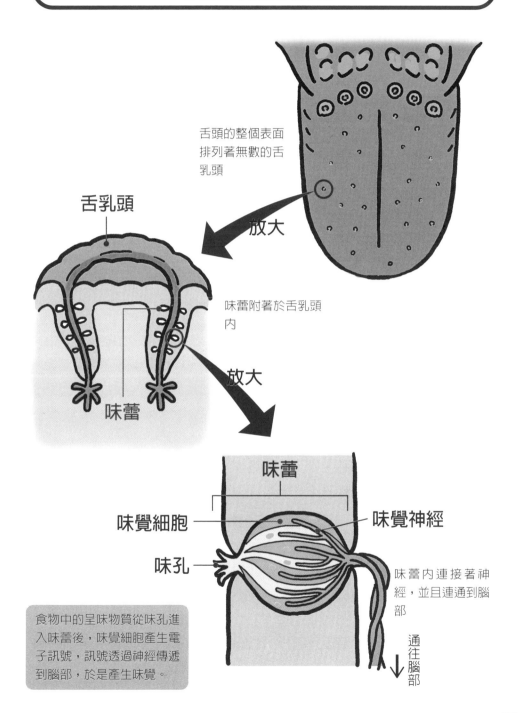

舌頭的整個表面
排列著無數的舌
乳頭

舌乳頭

放大

味蕾附著於舌乳頭
內

味蕾

放大

味蕾

味覺細胞

味覺神經

味孔

味蕾內連接著神
經，並且連通到腦
部

通往腦部

食物中的呈味物質從味孔進
入味蕾後，味覺細胞產生電
子訊號，訊號透過神經傳遞
到腦部，於是產生味覺。

✦鼻子也是吸入空氣的器官

鼻子除了是嗅聞氣味的嗅覺器官，也是吸入空氣的呼吸器官。

鼻子的深處有形同巨大洞穴的「鼻腔」，若以頭部的剖面圖來看，可發現正中央有「鼻中隔」將鼻腔隔成左右兩腔。鼻中隔內有「鼻甲骨」，為被黏膜包覆的上、中、下3塊骨頭。**鼻甲骨下有上鼻道、中鼻道與下鼻道3個空氣的通道，吸入的空氣經由上鼻道前往肺部，肺部呼出的空氣則主要經由中鼻道與下鼻道呼出體外。**

順帶一提，雖然有兩個鼻孔，但兩邊並不會同時吸入氣體，而是會左、右鼻孔交替呼吸。交替的週期因人而異，一般每隔1～2小時交換一次。

✦副鼻腔、眼睛、耳朵之間有相連的通道

鼻腔不只是空氣的通道，也連通到頭部內的許多地方。**第一個是「副鼻腔」**，鼻腔內有形成好幾個連往他處的通道，通往名為副鼻腔的4個空腔。

第二個是鼻淚管（請參考第89頁）。鼻淚管與眼睛相連通，當我們在哭泣時之所以會一起流出鼻水，就是因為眼淚從眼角經過鼻淚管流到鼻腔的關係。

第三個是「耳咽管」，是與耳朵相連的管道。感冒有時會引起中耳炎，就是因為鼻腔發炎波及到耳朵的關係。

臉部內的空氣通道與空腔

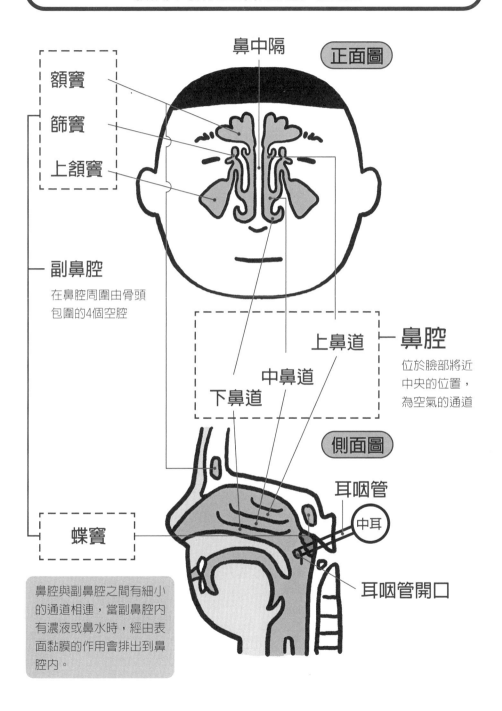

鼻中隔

正面圖

額竇
篩竇
上頜竇

副鼻腔

在鼻腔周圍由骨頭
包圍的4個空腔

上鼻道
中鼻道
下鼻道

鼻腔

位於臉部將近
中央的位置，
為空氣的通道

側面圖

蝶竇

耳咽管

中耳

耳咽管開口

鼻腔與副鼻腔之間有細小
的通道相連，當副鼻腔內
有濃液或鼻水時，經由表
面黏膜的作用會排出到鼻
腔內。

✚食物的美味靠五感來感覺

雖然品嘗食物最重要的因素是舌頭感受到的味道，但實際上不僅僅如此。味覺對於外界的刺激比其他感覺還要敏感，**但要感受到「美味」，也會受到視覺、聽覺、嗅覺及觸覺很大的影響**。尤其是其中的嗅覺，若嗅聞不到氣味，就算能嘗到甜味及苦味，但卻很難感受到「美味」。

舉個例子，現在假設有兩份刨冰，一份是草莓口味，一份是哈密瓜口味。若是捏住鼻子去吃的話，兩份都只會感覺到甜味，至於吃的是哪一種口味，很可能是分辨不出來的。這是因為缺少了對糖漿中香料的嗅覺，還有視覺所看到的顏色等訊息。

✚要品嘗到味道，嗅覺與味覺一樣重要

「嗅覺細胞」位於鼻腔上端的嗅上皮，**一旦氣味物質接觸到嗅覺細胞，就會啟動「嗅覺神經」，把嗅聞到的氣味訊息，傳達到突出於腦部負責感覺氣味的「嗅球」**，嗅球再將氣味訊息傳達給腦部，就產生了嗅覺。

而在感冒鼻塞時之所以嘗不到食物的味道，就是因為在缺少這種嗅覺的狀態下，會無法感知到味道。

人類在食物進入口腔時，會透過鼻子嗅聞氣味，透過舌頭感知味道。**我們需要這兩種刺激綜合起來，才會感受到真正的「味道」，所以當鼻塞或是捏住鼻子而感覺不到氣味時，味道也會受到影響**。

產生嗅覺的機制

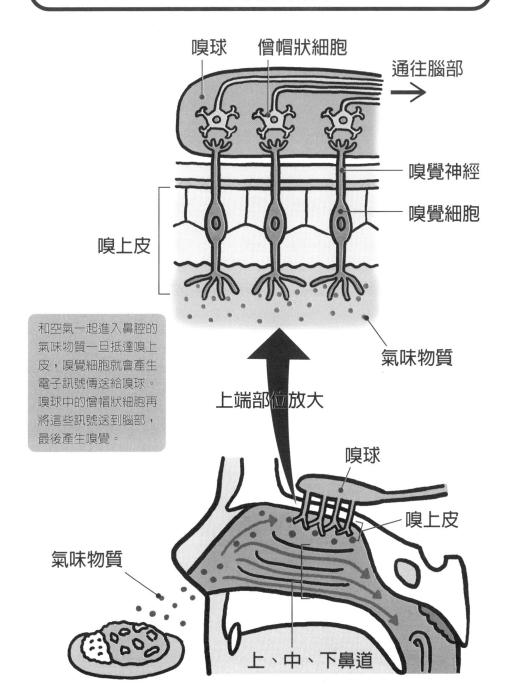

嗅球　　僧帽狀細胞

通往腦部

嗅覺神經

嗅覺細胞

嗅上皮

和空氣一起進入鼻腔的氣味物質一旦抵達嗅上皮，嗅覺細胞就會產生電子訊號傳送給嗅球。嗅球中的僧帽狀細胞再將這些訊號送到腦部，最後產生嗅覺。

氣味物質

上端部位放大

嗅球

嗅上皮

氣味物質

上、中、下鼻道

以完美理論對人體與動物體
進行比較的達爾文

除了細胞學說之外，解剖學在19世紀還迎來了另一個重大變革。就是英國的自然科學家查爾斯‧達爾文（1809～1882年）提出的進化論（《物種起源》，1859年）。

在大學學習自然的神奇之處與研究之重要性的達爾文，1831年畢業之後，乘著軍艦小獵犬號前往了南美洲。包括加拉巴哥群島在內，達爾文在4年期間展開了長途的航海旅程，於世界各地觀察到的動物種類繁多，並在回到英國之後繼續研究動物的標本。接著，達爾文提出了一種理論，那就是地球上的各種生物是從太古時期的原始生命開始，歷經多次演化後才誕生的。

此演化論的發表，動搖了基督教文化普遍認知的常識，並引起了眾多的反響與批判，從根本上改變了與人體有關的思想。

在演化論之前，大家還僅僅只是模糊地發現，人體與動物體之間似乎有許多相似之處。

但由於演化論的出現，終於可以解釋清楚，身體的構造與發生過程之所以類似，是因為現代的多種動物都是由共通的原始祖先演化而來的，也就是「系統發生」所得到的結果。

在演化論出現之後，人類看起來似乎就是目前的地球環境與人類社會中，適應最為良好的物種。接下來只要對人體的構造繼續詳細地研究下去，就能找出脊椎動物以及哺乳類、靈長類的特徵與演化痕跡，這樣一來，也就能知道人類的步伐該往何處前進了。

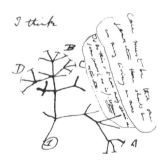

達爾文書中所繪製的系統樹（演化樹）。

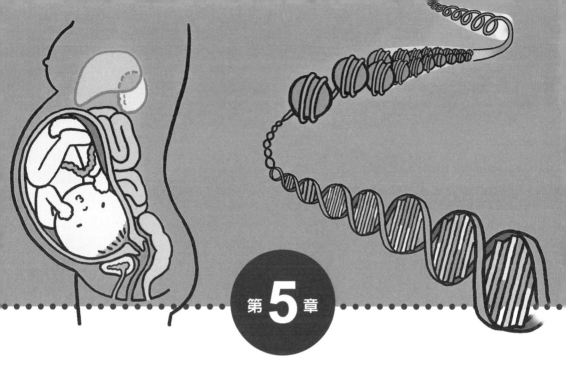

男女與生殖之謎

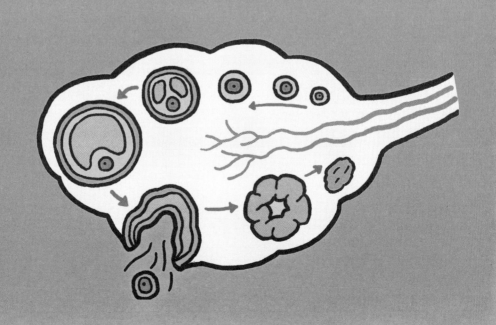

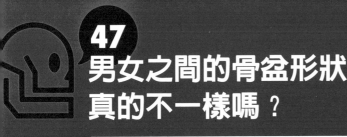

47 男女之間的骨盆形狀真的不一樣嗎？

▶▶男性的大骨盆前後徑較長，女性則是橫徑較長

✚人類能雙腳直立行走是因為骨盆的功勞

人類的身體由多塊骨骼構成，部分骨骼的形狀在男性與女性之間並不一樣，骨盆就是如此。

骨盆位在人體最大的骨頭 —— 股骨（大腿骨）與支撐身體的脊椎之間，負責連接上半身與下半身，同時也具有保護膀胱、直腸與生殖器官的功能。人類之所以能雙足站立行走，也是因為骨盆特別發達的緣故。

骨盆由薦骨、尾骨和左右兩塊髖骨（由髂骨、坐骨及恥骨融合而成）所組成，又分成大骨盆與小骨盆。大骨盆為左右較寬的部分，小骨盆則是正中央凹下去的筒狀部分。

✚女性的小骨盆在生產時是嬰兒的通道

男性的大骨盆前後徑長、深而堅固，小骨盆則很狹窄。小骨盆的出口從上方往下看為類似心型的形狀，從前方看則恥骨聯合下方的空隙呈 70 度的夾角。

另一方面，女性的大骨盆因為在懷孕期間需要支撐腹部中的胎兒，所以是淺而左右寬闊，橫徑較長。小骨盆的出口呈現圓形。

恥骨聯合下方空隙的角度，與男性僅有 70 度的狹窄角度相比，女性的角度寬達 90 ～ 110 度。這是因為小骨盆在分娩時是嬰兒出生的通道，為了避免頭部卡住，所以要寬一點以便讓胎兒容易通過。

男性骨盆與女性骨盆的比較

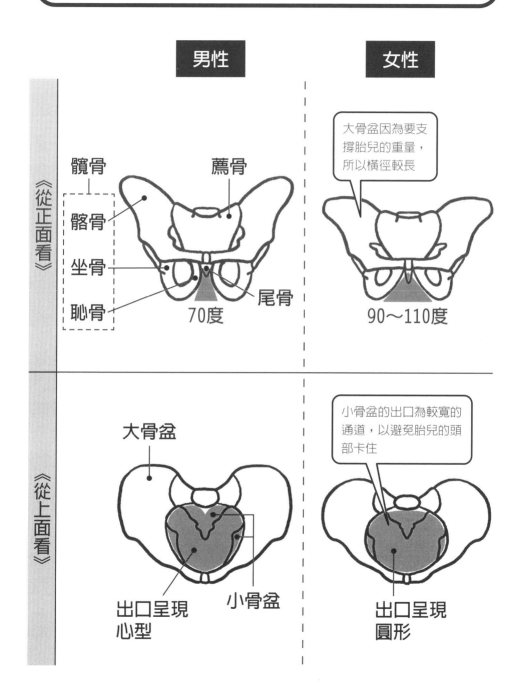

男性　　女性

《從正面看》

髖骨　　薦骨

髂骨

坐骨

恥骨

尾骨

70度

大骨盆因為要支撐胎兒的重量，所以橫徑較長

90～110度

《從上面看》

大骨盆

出口呈現
心型

小骨盆

小骨盆的出口為較寬的通道，以避免胎兒的頭部卡住

出口呈現
圓形

✚胎兒在初期能發育成男性生殖器或女性生殖器

男性與女性的身體雖然在外觀及功能上感覺都不一樣，但從解剖學的角度來看，除了生殖器官之外，可以說都是相同的。**如果回溯到胎兒期的最初階段，可以發現既能發育成男性生殖器，也能發育成女性生殖器。**

那麼，男女性別是怎麼形成的呢？

在初期的胎兒細胞內，是同時擁有男性生殖器與女性生殖器的發育設計圖的。

如果胎兒就這樣持續發育下去，會自動形成女性生殖器官而發育成女性。不過若在基因中有某種可以轉變成男性的開關，就會發育成男性。這個擁有轉換開關的基因，就是「性染色體」。

✚基因內有「SRY」開關的話，就會發育出睪丸

在細胞核裡有基因與蛋白質組合成的「染色體」，人類的染色體有 46 條，其中 44 條是男女共通的，**剩下的 2 條染色體就是決定男女性別的「性染色體」，女性的性染色體為 2 條 X 染色體，男性的則是 1 條 X 染色體及 1 條 Y 染色體。**

只有男性才擁有的 Y 染色體中，有一個名為「SRY」的基因片段。只要「SRY」這個開關打開，胎兒就會發育出睪丸，而在睪丸形成之後，就會分泌男性荷爾蒙，發育出男性的生殖器官。

同一時間，體內也會分泌抑制女性生殖器官發育的荷爾蒙，透過這種機制，男女的性別就這樣被決定了。

染色體與基因之構造

細胞核內

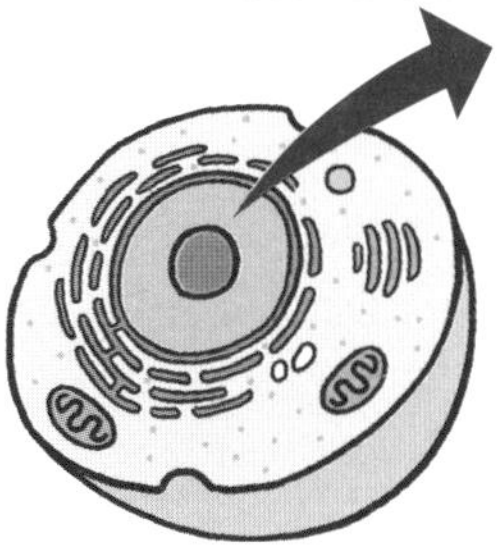

46條染色體

- ●來自父親的23條
  其中一條為性染色體 ➡ 「X」或「Y」
- ●來自母親的23條
  其中一條為性染色體 ➡ 「X」

如果是「Y」染色體，其中的「SRY」開關能決定胎兒發育成男性

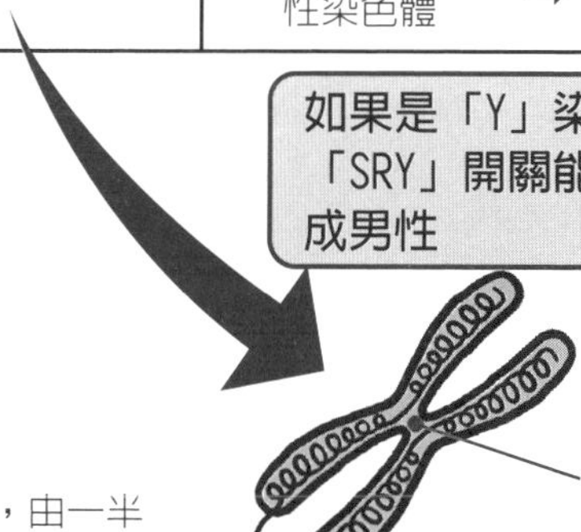

基因

集合了所有遺傳訊息的本體，由一半來自父親、一半來自母親的遺傳訊息組合而成。一旦受到刺激而活化（打開開關），就會根據訊息製造出身體的材料（蛋白質）。

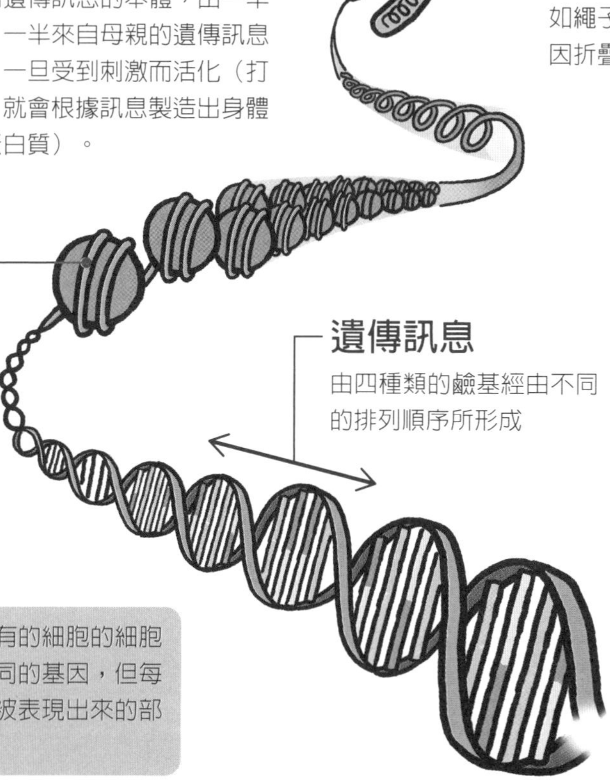

染色體

如繩子一般的長基因折疊而成

遺傳訊息

由四種類的鹼基經由不同的排列順序所形成

一個人身上所有的細胞的細胞核內都帶有相同的基因，但每個細胞內基因被表現出來的部分不同。

49
男性荷爾蒙與女性荷爾蒙有什麼不一樣？

▶▶男性荷爾蒙由睪丸製造，女性荷爾蒙由卵巢製造

➕進入青春期後，性荷爾蒙就會開始作用

一般來說，男性荷爾蒙指的是睪固酮（Testosterone），女性荷爾蒙指的是黃體素（Progesterone）與動情素（Estrogen）。不論是哪一種激素，在邁入成年之後就會在腦部與自律神經的作用下開始活動。

在進入小學高年級到 18 歲左右的青春期後，男生及女生的大腦下視丘會對腦下垂體發出指令，使其分泌兩種性腺刺激荷爾蒙（也稱促性腺激素）——黃體成長激素（LH）和濾泡刺激素（FSH）。

荷爾蒙要作用的目標與身體的變化是男女有別的，以女性來說，當腦下垂體分泌出性腺刺激荷爾蒙後，受到刺激的卵巢會分泌出黃體素與動情素。而在男性方面，則會由睪丸分泌出睪固酮。這些荷爾蒙會對男性與女性的身體造成具特徵性的影響，而這種青春期出現的變化，稱為第二性徵。

➕男女雙方都在此時發育出完整的繁衍後代功能

對女性來說的第二性徵，就是身體發育出能夠生產並養育嬰兒的完整功能。例如乳房發育變大、子宮及卵巢等生殖器官發育成熟並開始月經來潮、長出陰毛、骨盆發育成熟、脂肪開始堆積讓體態變得圓潤等。

而男性的第二性徵會讓他們發生第一次射精——「初精」。另外，還會開始變聲、男性荷爾蒙分泌增加導致長出鬍鬚、腋毛及體毛變多，同時還會發生肩膀變寬、肌肉發達、身體更為強壯等變化。

男性荷爾蒙與女性荷爾蒙的作用

腦下垂體
接受下視丘發出的指令，分泌出各種荷爾蒙

下視丘
大腦中掌管自律神經的控制機能

男性

腦下垂體分泌出「黃體成長激素」和「濾泡刺激素」。

⬇

● **黃體成長激素的作用**

讓睪丸分泌睪固酮，睪固酮會送到全身進行作用

【對全身的影響】
· 肌肉更強壯
· 促進陰莖與陰囊的發育
· 長出鬍鬚、腋毛、陰毛等毛髮
· 聲音變得低沉

● **濾泡刺激素的作用**
與睪固酮共同刺激睪丸，促進精子的生成

女性

腦下垂體分泌出「黃體成長激素」和「濾泡刺激素」。

⬇

● **黃體成長激素的作用**

刺激卵巢分泌黃體素，黃體素與動情素共同作用讓子宮變得可以受孕。此外可以控制發情，讓懷孕能夠繼續。

● **濾泡刺激素的作用**
讓卵巢分泌動情素，動情素會送到全身進行作用

【對全身的影響】
· 皮下脂肪增加變厚
· 乳房發育變大
· 促進子宮及陰道的發育
· 長出腋毛、陰毛

男性

女性

卵巢

精巢

113

50

為什麼要製造那麼多精子？

▶▶為了提高受精機率，留下優秀的基因

✚精子是在睪丸中製造出來的

人類的身體開始於父親的精子與母親的卵子結合之後的受精卵。為了誕生新生命而設計的生殖器官，不論是構造、還是功能，在男性與女性身上也大不相同。

男性的生殖器官包括陰莖、睪丸（精巢）、副睪丸（副睪）、輸精管、儲精囊等，其中睪丸與副睪丸左右各一，位於陰囊之內。**男性生殖器官的最大功能，是在陰囊內製造出精子，透過陰莖將精子送入女性生殖器與其內的卵子相遇。**

✚還未送到卵子面前，大半的精子就都已死亡

男性進入青春期後開始會形成精子，以健康的成年男性來說，每天幾乎製造出將近 1 億個的精子。精子在睪丸中製造出來後，會送到副睪丸貯存 10 ～ 20 天，並在這個期間成熟。成熟之後的精子等待射精的時機，當男性發生性興奮後，會藉由輸精管的蠕動運動運送到輸精管的壺腹部位（Ampulla）。

這個時候前列腺和儲精囊會分泌液體，當性興奮程度提高時，這些分泌液與精子混合而成的精液，通過前列腺部及尿道後射出體外。每次射精所釋放出的精液大約數毫升，精液中所含的精子則高達 1 億～ 4 億個之多。

但是，實際上真正完成受精的只有 1 個精子。**之所以會製造這麼大量的精子，是為了能選出受精機率高的男性。讓容易生育後代的基因能夠傳承下去，是生物想要保存物種的本能。**

男性生殖器官的構造與功能

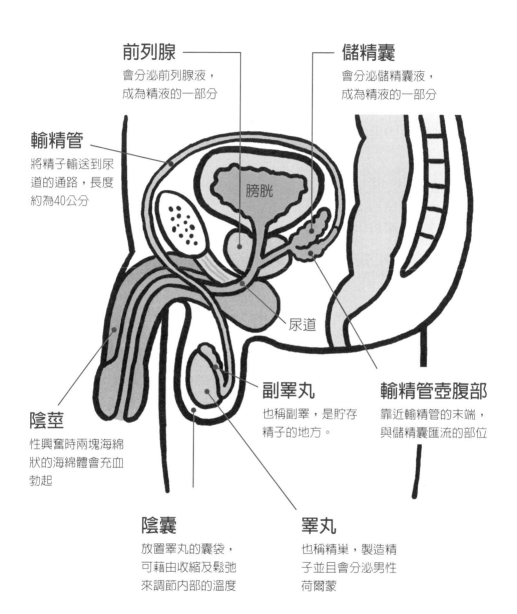

前列腺
會分泌前列腺液，
成為精液的一部分

儲精囊
會分泌儲精囊液，
成為精液的一部分

輸精管
將精子輸送到尿
道的通路，長度
約為40公分

膀胱

尿道

陰莖
性興奮時兩塊海綿
狀的海綿體會充血
勃起

副睪丸
也稱副睪，是貯存
精子的地方。

輸精管壺腹部
靠近輸精管的末端，
與儲精囊匯流的部位

陰囊
放置睪丸的囊袋，
可藉由收縮及鬆弛
來調節內部的溫度

睪丸
也稱精巢，製造精
子並且會分泌男性
荷爾蒙

115

51
為什麼製造精子的睪丸要位於體外？

▶▶因為體溫過高不利於怕熱的精子發育

✚大部分的哺乳類動物睪丸都位於腹腔之外

包含人類在內的哺乳類動物，睪丸都是外面包覆硬膜的蛋形結構，所以才被稱為睪丸。不論是狗狗還是貓咪，雄性哺乳類都擁有圓形的睪丸，且大多數都位於腹腔之外。

不過哺乳類以外動物的睪丸，就是位於腹腔之內了。

睪丸肩負誕生生命如此重要的功能，然而卻也十分脆弱，被撞到的時候會痛到要跳起來的程度，既然如此纖細敏感，那放在腹腔之內不是比較安全嗎？為什麼要在體外呢？

這是因為一個很明確的原因，那就是在睪丸內的細精管，在製造精子時最適當的溫度要比體溫（約37度）還低，而腹腔內的溫度太高了，不利於精子的形成。也就是說，睪丸必須要在能夠冷卻的環境，才會位於身體以外的位置。

✚陰囊的皮膚能透過放鬆與收縮來調整溫度

內有睪丸的陰囊，其皺摺狀的皮膚會在氣溫高的時候放鬆、氣溫低的時候收縮，透過表面積的改變來調節體溫，讓陰囊內部維持在一定的溫度。為此，陰囊是由好幾層的膜所構成的，可以抵擋來自外界的衝擊並保護睪丸。

此外，精子只要因為射精行為而被釋放到體外之後，在37度的溫度下只能存活24～48個小時。相反地，如果將其冷凍於負100度的低溫，則可以保存好幾年。

製造精子的睪丸

精子是在睪丸內部密集的細精管內大量製造而成的。

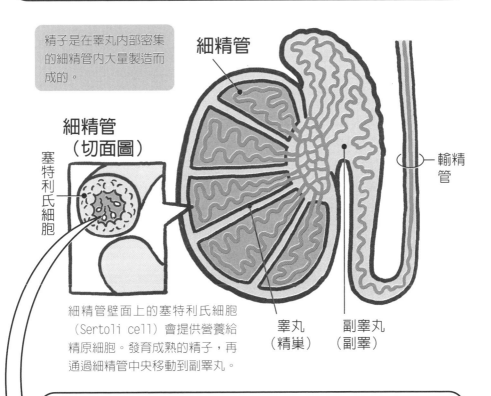

細精管

輸精管

細精管（切面圖）

塞特利氏細胞

細精管壁面上的塞特利氏細胞（Sertoli cell）會提供營養給精原細胞。發育成熟的精子，再通過細精管中央移動到副睪丸。

睪丸（精巢）

副睪丸（副睪）

精子的構造

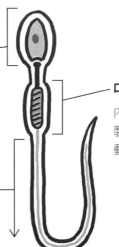

頭部

內部為細胞核，表面為頂體。細胞核內為遺傳訊息，頂體則含有酵素，負責在精子要進入卵子時破壞卵子的外壁。

中間段

內有環形結構的粒線體能製造能量，是精子能夠活動的能量來源。

尾部

外型為鞭狀的可活動鞭毛。藉由它可讓精子以游泳的方式前進。

➕卵子是人體內最大的細胞，肉眼也可看到

女性的生殖器官除了卵巢之外，還包括輸卵管、子宮及陰道，最大的功能就是製造「卵子」，接受精子形成受精卵後進行生育。

卵子是人體內最大的細胞，肉眼也能看得到，直徑約 0.07 ～ 0.17 公釐。**製造卵子的場所，是位在子宮兩側各一、大小如同梅子一般的器官──「卵巢」。**

➕卵原細胞自出生起就已存在於卵巢之內

男性在一生的時間可以製造出無數的精子，但女性一輩子能製造出來的卵子數量，只有僅僅約 400 個左右。此外，相對於男性每天都能製造出精子，女性的卵子是從出生起就已存在並保存在卵巢中的細胞發育而成的。下面就來說明卵子生成的機制。

卵子在胎兒還在母親肚子裡的時候，就已結束某種程度的細胞分裂並進入休眠，在被稱為濾泡的袋子中存活著，這個濾泡稱為初級濾泡。

在新生兒的卵巢中沉睡著大約 80 萬個初級濾泡，其中大部分會自然死亡，到了青春期時大約還剩下 1 萬個左右。**當女性進入青春期獲得生殖能力後，每個月會有 15 ～ 20 個初級濾泡開始成熟，但其中只有 1 個濾泡會長大成熟，發育成卵子被釋放出來，也就是排卵。**

卵子每個月會從左右的卵巢之一排出一個，當所有自出生起就擁有的初級濾泡全部都消失後，女性就會迎來停經期。

製造卵子之女性生殖器官的構造

女性生殖器官之構造

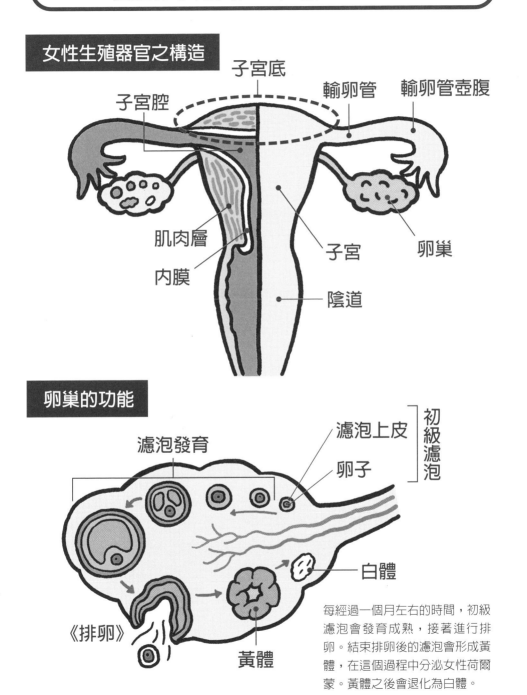

- 子宮底
- 子宮腔
- 輸卵管
- 輸卵管壺腹
- 肌肉層
- 內膜
- 子宮
- 卵巢
- 陰道

卵巢的功能

- 濾泡發育
- 濾泡上皮
- 卵子
- 初級濾泡
- 白體
- 《排卵》
- 黃體

每經過一個月左右的時間，初級濾泡會發育成熟，接著進行排卵。結束排卵後的濾泡會形成黃體，在這個過程中分泌女性荷爾蒙。黃體之後會退化為白體。

子宮的大小有多大？

▶▶原本為雞蛋大小，但可以擴張到2000倍以上

➕強力的肌纖維構成不會破裂的袋狀器官

「子宮」位於膀胱與直腸之間，外型如同西洋梨的袋狀器官。在未懷孕的情況下，長約 7 公分，大小如同雞蛋一般，不過一旦懷孕之後，子宮成為胎兒發育的容器，會隨著胎兒發育而持續增大。到了懷孕 4 個月後，子宮會逐漸往上到腹腔內，子宮底會接觸到腹壁。接著到了懷孕末期，子宮此時的長度約為 36 公分，重量約為 1 公斤左右，子宮腔內的容量與原來的大小相比擴張了 2000 ～ 2500 倍。

子宮是人體內伸縮性最大的器官，即使變那麼大也不會破裂，是因為子宮的肌纖維以環狀方式圍繞住子宮的長軸，並且還有斜向交叉的肌纖維進行補強。

➕卵子與精子在輸卵管壺腹相遇

子宮的下端連接著陰道，經過性交而釋放出的精子從陰道進入子宮，在名為「輸卵管壺腹」（請參考前頁）的部位發生受精。陰道到子宮的距離約 20 公分，釋放到陰道內長約 0.06 公釐的精子，大約要花 30 分鐘的時間來通過這段距離。

進入輸卵管壺腹的精子，與從卵巢排出進入輸卵管朝著子宮而去的卵子，在此相遇而發生受精。受精卵在一受精之後馬上開始一邊不斷地分裂、一邊通過輸卵管，進入子宮內膜而被固定住，這個過程稱為著床。著床完畢進入懷孕過程後，從受精卵會伸出絨毛，在子宮內形成胎盤，再過大約 9 個月的時間，就會迎來新生命的誕生。

隨著胎兒成長而變大的子宮

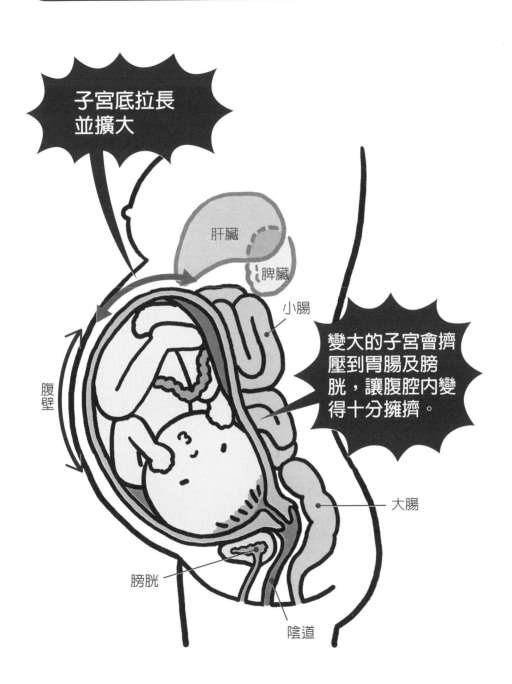

子宮底拉長並擴大

變大的子宮會擠壓到胃腸及膀胱，讓腹腔內變得十分擁擠。

肝臟

脾臟

小腸

腹壁

大腸

膀胱

陰道

✚乳房內的脂肪是為了保護乳腺這個重要器官

女性進入青春期後出現第二性徵，主要是為了讓身體獲得完整的機能，進而能夠生育後代。

其中之一的變化就是乳房的發育，女性的胸部在進入青春期後，胸大肌上的脂肪組織開始堆積，並會在其中形成「乳腺」，發育成乳房。

乳房的 90％為脂肪組織，剩下的即為乳腺。乳腺是製造母乳的重要器官，在開始出現第二性徵、乳腺逐漸發育的時候，作為母乳的通道，乳腺管也會跟著一起發育。

而乳房之所以會因為脂肪堆積而變大，就是為了保護正在發育的乳腺這個重要器官。

✚乳房發育的大小因人而異

女性的乳房會發育至何種程度，受到遺傳、女性荷爾蒙及營養狀態等因素的影響，且每個人都不太一樣。而且乳房開始逐漸發育變大的第二性徵期何時來臨也是因人而異，一般落在 9 ～ 14 歲之間。

乳房的發育期大約在 3 ～ 4 年後結束，之後除了懷孕期之外，乳房都不再會變大。如果不是在乳腺發育的年齡、也沒有懷孕的情況下，想要只讓乳房處有脂肪堆積而變大，是非常困難的。

雖然有坊間傳說認為在戀愛等活化女性荷爾蒙分泌的情況下會讓乳房變大，但實際上是不可能的。即使女性荷爾蒙的分泌量增加，也不會產生乳房變大的效果。

分泌母乳之乳房的構造

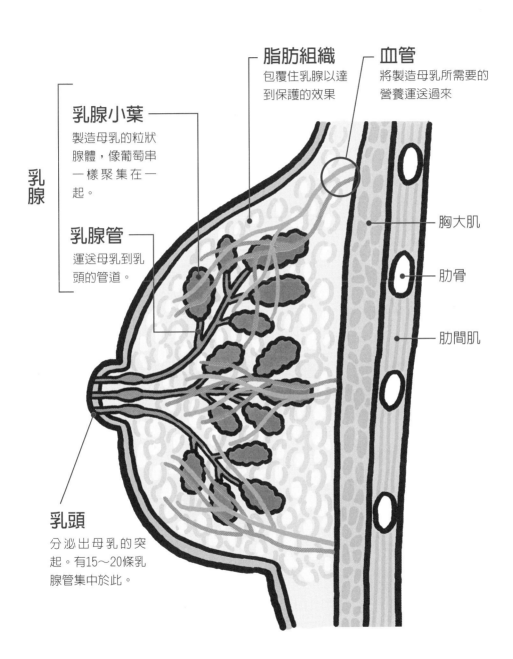

脂肪組織
包覆住乳腺以達
到保護的效果

血管
將製造母乳所需要的
營養運送過來

乳腺小葉
製造母乳的粒狀
腺體，像葡萄串
一樣聚集在一
起。

乳腺

乳腺管
運送母乳到乳
頭的管道。

胸大肌

肋骨

肋間肌

乳頭
分泌出母乳的突
起。有15～20條乳
腺管集中於此。

母乳是如何產生的？

▶▶大腦會分泌荷爾蒙刺激乳腺

✚觸摸時一顆一顆的乳腺就是製造母乳的工廠

女性的乳房是哺育嬰兒的重要器官。握住乳房時覺得一顆一顆的觸感就是乳腺，每一邊的乳房有 15 ～ 50 個左右的乳腺，母乳就是在這裡製造的。

當女性懷孕時，大腦會發出指令，讓「促乳素（Prolactin）」「動情素（Estrogen）」及「黃體素（Progesterone）」這三種荷爾蒙大量分泌。

其中的促乳素會促進乳腺製造母乳，但動情素及胎盤分泌的黃體素卻有抑制乳汁分泌的作用，所以在這個階段乳房雖然變大但還不會分泌出母乳。

接下來，**在生產過程中胎盤被排出體外，有抑制作用的黃體素消失，刺激母乳分泌的荷爾蒙「催產素（Oxytocin）」分泌量大增，同時大腦也會分泌促乳素來刺激乳腺製造母乳，母乳會於此時才開始分泌。**

✚乳房的大小與分泌母乳沒有關係

要順利分泌出母乳也需要嬰兒的力量，嬰兒吸吮乳頭所造成的刺激會讓促乳素及催產素的分泌量增加，讓母乳的分泌更為順暢。等到嬰兒不再吸吮母乳後，因為缺乏了吸吮乳頭的刺激，母乳就會自然逐漸地停止分泌。

雖然乳房大的人感覺會分泌較多的母乳，但其實哺乳所需的乳腺只占了乳房的 1 成，其餘 9 成都是脂肪。**分泌母乳的是乳腺，乳房就算比較大也只是增加了脂肪的比例而已，與分泌母乳之間並沒有關係。**

母乳的製造與分泌之機制

母乳 被製造出來	嬰兒吸吮 乳頭	➡	吸吮對乳頭造成的 刺激讓大腦分泌大 量的促乳素	➡	促乳素刺激乳腺 製造母乳

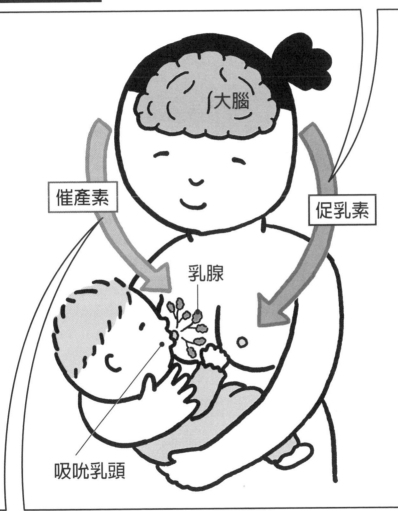

大腦

催產素

促乳素

乳腺

吸吮乳頭

分泌 母乳	嬰兒吸吮 乳頭	➡	吸吮對乳頭造成的 刺激讓大腦分泌催 產素	➡	催產素刺激乳腺， 從乳頭分泌出母乳

日本人在西方醫師的解剖指導下，習得了近代科學的醫術

說到日本近代醫學的起點，可以說起源於杉田玄白等人所翻譯出版的解剖學書籍《解體新書》（1774年）。在這之後雖然也有很多西方醫學書籍被翻譯成日語，但在江戶時代的鎖國政策下，真正開始直接向日本人傳授西方醫學的是德國籍的西博爾德（Philipp Franz von Siebold）醫師。

到了幕府末年解除鎖國政策後，日本為了效法西方進步的醫療，在長崎開設了海軍傳習所，由荷蘭籍的龐貝・馮・梅爾德沃特醫師（1829～1908年）進行授課。

龐貝醫師於1859年在長崎進行了第一次的人體解剖，共有46名實習醫師在場觀摩，當天所有人對於初次見到的人體構造都感到十分驚訝，並覺得收穫良多。

在龐貝醫師教導下的醫師，包括順天堂醫院的創辦者、之後的東京大學醫學院長、日本紅十字醫院第一任院長等人，都成了明治時代的醫學界佼佼者。

不論東方還是西方，自古以來所進行的人體解剖，都是使用死刑犯的屍體，江戶時代的日本，也將解剖當作刑罰的一環。原本處死之後會被曝屍荒野的死刑犯，據說因為龐貝門下的學生承諾會予以厚葬，都毫無怨言地服完刑期。

就這樣，原本屬於刑罰一環的人體解剖，轉而成為對醫學發展具有貢獻的行為。歷經了如此的潮流發展後，到了明治時代，政府開辦了東京醫學校（後來的東京大學醫學院），正式引進了西方醫學。

《解體新書》裡繪製的人體頭蓋骨。

在歷經不斷尋求人體奧祕之謎的過程後,現今已進入了基因研究的全新階段

所謂龍生龍、鳳生鳳,老鼠生的兒子會打洞,以人類來說的話,這表示後代從親代所繼承到的遺傳基因裡,已經包含了構成人體的全身設計圖。而且不只如此,就算是基因相同的人類,彼此之間也會有少許的差異,這表示個體獨有的特徵其實也寫進了遺傳基因裡面。

解剖學一直以來所尋求的人體之謎,解開的關鍵都集中在了這個「遺傳基因」裡。

當奧地利的格雷戈爾‧孟德爾(Gregor Johann Mendel,1822～1884年)在1865年發表豌豆的交配實驗成果並提出了遺傳的機制後,人們才開始推論出可能有基因(遺傳因子)的存在。

到了20世紀初,薩頓(Walter Sutton)與鮑維里(Theodor Boveri)兩位遺傳學家開始針對基因與染色體的關係展開了具體的研究與觀察。

接著到了1953年,美國的詹姆斯‧華生(James Watson,1928～)和英國的弗朗西斯‧克里克(Francis Crick,1916～2004年)更發現了聚集遺傳訊息的本體,是擁有雙重螺旋構造的細長型分子(DNA),並且是透過4種鹼基的排列組合,來表現出生物各式各樣的特徵。這項發現,也確定了過去在心理與哲學概念上的「自我」或「個體」,其實是受到基因所支配的。

因為維薩里的科學觀察而開啓的近代解剖學,在20世紀開始運用電子顯微鏡(1931年發明,能用遠高於一般顯微鏡的倍率進行觀察)之後,更是開闢出了一條基因研究的新道路。

作為一門對個人健康、壽命及幸福有著極大影響的學問,解剖學將來也會持續地發展下去。

【參考文獻】

坂井建雄監修『ヒトのカラダがよくわかる 図解 人体のヒミツ』(日本文芸社)、坂井建雄著『世界一簡単にわかる 人体解剖図鑑』、坂井建雄監修『徹底図解人体のからくり』(以上、宝島社)、坂井建雄監修『人体のふしぎな話365』(ナツメ社)、『Newton 大図解シリーズ 人体大図鑑』(ニュートンプレス)、坂井建雄著『面白くて眠れなくなる人体』、坂井建雄著『面白くて眠れなくなる解剖学』(以上、PHP研究所)、坂井建雄著『想定外の人体解剖学』(枻出版社)、坂井建雄監修『マンガでわかる人体のしくみ』(池田書店)、坂井建雄・岡田隆夫著『系統看護学講座 専門基礎分野 解剖生理学』(医学書院)、坂井建雄著『よくわかる解剖学の基本としくみ』(秀和システム)、坂井建雄著『イラスト図解 人体のしくみ』(日本実業出版社)、坂井建雄監修『ポプラディア大図鑑 WONDA 12人体』(ポプラ社)、山村紳一郎・坂井建雄監修『五感ってナンだ! まるごとわかる「感じる」しくみ』(誠文堂新光社)、坂井建雄監修『筋肉のしくみ・はたらき ゆるっと事典』(永岡書店)

【參考網站】
日本高血壓學會、新能源產業技術綜合開發機構

【照片提供】
國立國會圖書館／維基共享資源(Wikimedia Commons)

國家圖書館出版品預行編目資料

解剖學：適合一般人閱讀的解剖學，最切身的知識，徹底解開人類身體之謎！／坂井建雄監修；高慧芳譯. — 初版. — 臺中市：晨星出版有限公司，2023.04
　面；公分. —（知的！；205）
　譯自：眠れなくなるほど面白い 図解 解剖学の話
　ISBN 978-626-320-381-5（平裝）

1.CST: 人體解剖學

394　　　　　　　　　　　　　　112000921

知的！ 205

解剖學：
適合一般人閱讀的解剖學，最切身的知識，徹底解開人類身體之謎！
眠れなくなるほど面白い 図解 解剖学の話

監修者	坂井建雄
內文圖版	Isshiki（DIGICAL）
內文插畫	竹口睦郁
譯者	高慧芳
編輯	吳雨書
封面設計	ivy_design
美術設計	曾麗香
創辦人	陳銘民
發行所	晨星出版有限公司 407台中市西屯區工業30路1號1樓 TEL：（04）23595820　FAX：（04）23550581 http://star.morningstar.com.tw 行政院新聞局局版台業字第2500號
法律顧問	陳思成律師
初版	西元2023年4月15日　初版1刷
讀者服務專線 讀者傳真專線 讀者專用信箱 網路書店 郵政劃撥	TEL：（02）23672044 /（04）23595819#212 FAX：（02）23635741 /（04）23595493 service@morningstar.com.tw http://www.morningstar.com.tw 15060393（知己圖書股份有限公司）
印刷	上好印刷股份有限公司

定價 350 元

掃描 QR code 填回函，
成為晨星網路書店會員，
即送「晨星網路書店 Ecoupon 優惠券」
一張，同時享有購書優惠。

ISBN 978-626-320-381-5

NEMURENAKUNARUHODO OMOSHIROI ZUKAI KAIBOGAKU NO HANASHI
Supervised by Tatsuo Sakai
Copyright © Tatsuo Sakai, 2021
All rights reserved.
Original Japanese edition published by NIHONBUNGEISHA Co.,Ltd.

Traditional Chinese translation copyright © 2023 by Morning Star Publishing Inc.
This Traditional Chinese edition published by arrangement with NIHONBUNGEISHA Co.,Ltd., Tokyo, through HonnoKizuna, Inc., Tokyo, and jia-xi books co., ltd.